本书由南京水利科学研究院出版基金资助出版

塔里木河流域
水资源统一调度保障措施研究

林锦　覃新闻　吾买尔江·吾布力　韩江波　何宇
李伟　赵志轩　彭岳津　郑皓　戴云峰　著

中国水利水电出版社
www.waterpub.com.cn
·北京·

内 容 提 要

　　本书围绕塔里木河流域水资源统一调度和管理的现实需求，收集了塔里木河流域自然地理、气象水文、社会经济状况等基础资料，调查研究了"四源一干"水利工程分布及运行调度情况、重要水文控制断面和地下水监测情况、塔里木河流域水资源统一调度现有相关政策法规，以及塔里木河流域水资源管理体制的演变历程，摸清了塔里木河流域水资源统一调度与管理现状，归纳总结了塔里木河流域水资源统一调度实施在法律法规、运行体制机制、行政、经济、工程技术等五个方面的问题和不足，并有针对性地提出了保障措施和建议。

　　本书可供水利、国土等部门的管理人员和相关科研院所的科技工作者及高等院校师生使用。

图书在版编目（CIP）数据

　　塔里木河流域水资源统一调度保障措施研究 / 林锦等著. -- 北京：中国水利水电出版社，2018.11
　　ISBN 978-7-5170-6988-1

　　Ⅰ．①塔… Ⅱ．①林… Ⅲ．①塔里木河－水资源管理－研究 Ⅳ．①TV213.4

　　中国版本图书馆CIP数据核字(2018)第232333号

书　　名	塔里木河流域水资源统一调度保障措施研究 TALIMUHE LIUYU SHUIZIYUAN TONGYI DIAODU BAOZHANG CUOSHI YANJIU
作　　者	林锦　覃新闻　吾买尔江·吾布力　韩江波 何宇　李伟　赵志轩　彭岳津　郑皓　戴云峰　著
出版发行	中国水利水电出版社 （北京市海淀区玉渊潭南路 1 号 D 座　100038） 网址：www.waterpub.com.cn E-mail：sales@waterpub.com.cn 电话：(010) 68367658（营销中心）
经　　售	北京科水图书销售中心（零售） 电话：(010) 88383994、63202643、68545874 全国各地新华书店和相关出版物销售网点
排　　版	中国水利水电出版社微机排版中心
印　　刷	天津嘉恒印务有限公司
规　　格	170mm×240mm　16 开本　7.75 印张　148 千字
版　　次	2018 年 11 月第 1 版　2018 年 11 月第 1 次印刷
印　　数	0001—1000 册
定　　价	**39.00 元**

前 言

　　塔里木河流域地处我国西北干旱区的内陆盆地，是西北干旱区灌溉农业规模最大的流域，也是支撑中国 21 世纪经济社会可持续发展的重要能源、资源战略后备基地。然而，受流域气候与自然地理条件制约，流域内水资源时空分布与经济社会发展布局不相协调，生态环境极度脆弱。

　　近 50 年来，在人类强烈水土资源开发活动的影响下，塔里木河流域水文循环过程及其伴生的水沙过程、水化学过程与水生态过程发生了深刻变化。具体表现为流域源流区取水量大幅增加，干流上中游地区地下水位大幅下降，下游河道断流，尾闾湖泊干涸，土地沙漠化、盐碱化程度加剧，干流局部河段水质恶化，沿河天然生态系统出现不同程度的退化，区域生物多样性受损等，严重威胁区域经济社会的可持续发展和水资源的可持续利用。

　　为了合理配置水资源，保护和改善塔里木河干流下游生态环境，2001 年国务院批准实施了《塔里木河流域近期综合治理规划报告》。作为确保塔里木河流域近期综合治理规划目标实现的一项重大举措，自 2002 年 6 月下旬起，塔里木河流域开始实施水资源统一调度，明确"四源一干"范围内的水资源由塔里木河流域管理局负责统一调度，并按照总量控制、分级管理、分步实施、逐步到位的原则进行流域水资源调度与配置。截至 2017 年底，塔里木河流域管理局先后组织实施了 18 次向塔里木河下游生态输水，从大西海子水库累计下泄水量达 70 亿 m³，年均下泄生态水 3.89 亿 m³，14 次将水输送到尾闾台特玛湖，结束了塔里木河下游河道连续断流近 30 年的历史，有效改善了下游生态环境。

　　随着塔里木河流域水资源统一调度的实施，流域水资源统一管理力度也在不断加强，流域内社会经济发展和生态环境保护工作均取得了阶段性成效，统一调度产生的经济效益、社会效益和生态环境效益均十分显著。但由于塔里木河流域水资源统一调度实践总体处于初级阶段，尚存在相关法律法规不健全，管理体制不顺，行政、经济、工程技术等方面的保障措施不到位等诸多问题，不仅严重影响了流域综合治理效果，同时也极大地制约了流域水资源统一管理。

为了解决塔里木河流域水资源统一调度实践过程中遇到的现实问题，新疆塔里木河流域管理局以水利部水资源管理、节约与保护项目为依托，专门设置了"塔里木河流域水资源统一调度保障措施研究"课题，旨在通过课题研究，深入剖析塔里木河流域水资源统一调度过程中面临的问题，科学、客观地提出统一调度保障措施，最终为塔里木河流域水资源统一调度管理提供技术支撑。

本书是在课题研究成果的基础上撰写而成的，课题和书稿的完成是各位成员共同努力的结果。本书第1章由林锦、覃新闻、吾买尔江·吾布力撰写，第2章由彭岳津、李伟、何宇撰写，第3章由韩江波、彭岳津撰写，第4章由林锦、戴云峰、李伟撰写，第5章由郑皓、林锦、韩江波撰写，第6章由赵志轩、韩江波撰写，第7章由林锦、赵志轩撰写。全书由林锦、韩江波统稿。

由于研究时间紧，加之作者水平有限，书中难免有疏漏与不足之处，敬请广大读者提出宝贵意见。

作者

2018 年 6 月

目 录

第1章

绪　论

1.1　自然地理概况

1.1.1　地理位置

塔里木河流域位于世界第二大沙漠——塔克拉玛干沙漠的北缘，是我国最大的内陆河流域，也是西北干旱区灌溉农业规模最大的流域。流域总面积 102 万 km²，是黄河流域的 1.4 倍，其中干流长 1321km。受地形地貌制约，流域内形成了自塔里木盆地周边向中心聚流的 9 大水系和塔里木河干流、塔克拉玛干沙漠以及东部荒漠区。

由于近代人类活动影响加剧，尤其是绿洲农业的开发，塔里木河流域水文循环过程及伴随的水沙过程、水化学过程及水生态过程已发生了巨大的演变。目前多个水系逐渐支解并脱离与干流的联系，仅剩和田河、叶尔羌河和阿克苏河三条源流，与塔里木河干流存在地表水力联系，另有孔雀河通过扬水站从博斯腾湖抽水经库塔干渠向塔里木河下游灌区输水，形成"四源一干"的格局[1]。

1.1.2　地形地貌

塔里木河流域北倚天山，西临帕米尔高原，南凭昆仑山、阿尔金山，三面高山耸立，地势西高东低，地形起伏较大，海拔多为 1000～5500m。流域内地貌类型多样，包括现代冰川、山地、丘陵、台地、黄土梁峁、平原、风积地貌、沙丘和天然湖泊等。其中现代冰川多分布在海拔 3500m 以上的山地；山地海拔多为 3000～5500m，主要分布在流域南部、西部和北部边缘；流域中部是风积地貌（沙漠）及冲积、洪积平原的主要分布区，海拔多在 1500m 以下；自山区向中部平原的过渡地带是丘陵、台地和黄土梁峁的主要分布区域，海拔在 1500～3000m；此外，在流域下游尾闾河段，尚分布有博斯腾湖、台特玛湖和罗布泊等内陆湖泊。

1.1.3　土壤植被

流域内土壤呈条带状分布，自河岸向外依次为河漫滩草甸土、草甸化胡杨土、红柳林土、盐化草甸土和平沙地、流动或半流动沙地等，土壤质地以沙土为主。在天山南坡山区，高山带主要为高山草甸土；亚高山带为亚高山草甸土和亚高山草甸草原土；中山带为山地黑钙土；低山带多为山地栗钙土、山地棕钙土和山地棕漠土。在昆仑山北坡，从高山带到低山带，依次为高山寒漠土、亚高山草原土、山地淡栗钙土、山地淡棕钙土与山地棕漠土。在冲积、洪积平原多为盐土、干盐土、草甸土、灌木林土、绿洲黄土与潮土等。在山间谷地、沼泽、湖滨为沼泽土。沙漠区以风沙土为主。

塔里木河流域天然植被种类十分贫乏，整个流域内仅有高等植物 13 科 26 属 50 余种，植被类型以耐干旱的旱生、超旱生乔木和灌木为主，主要有胡杨（*Populus euphratica*）、灰杨（*Populus pruinosa Schrenk*）、沙枣（*Elaeagnus angustifolia Linn.*）、铃铛刺（*Halimodendron halodendron*（*Pall.*）*Voss*）、红柳（*Tamarix ramosissima Ledeb*）、白刺（*Nitraria tangutorum Bor.*）、骆驼刺（*Alhagi sparsifolia Shap.*）、芦苇（*Phragmites australis*）等。植被的空间分布主要受水系分布的影响与制约，大体呈条带状分布。近河地段水分条件较好，植被茂密，生长有胡杨、柽柳等乔、灌木；远离河道处植被稀疏，盐生或盐化的植被呈斑块状广泛分布于流域内的各个地段，沙漠腹地几乎无植被分布。总体而言，流域内植被种类稀少，植被群落组成和结构比较简单，生态系统十分脆弱。

1.1.4 气候特征

塔里木河流域属大陆性暖温带、极端干旱沙漠型气候，年均气温 10.6～11.5℃，夏季 7 月平均气温 20～30℃，极端最高气温可达 43.6℃；冬季 1 月平均气温为 -20～-10℃，极端最低气温 -27.5℃。

流域地处北半球中纬度西风带控制区，受北大西洋涛动的影响，其水汽主要来源于西方路径和西北路径。同时在青藏高原和帕米尔高原地形影响下，一部分气流翻越帕米尔高原给流域西部带来一定量的降水，而主体气流则被帕米尔高原分为南北两支。其中南支向东南方向，对流域降水的贡献极小，北支向东北方向，沿天山山脉向东输送，少部分气流翻越天山，给流域带来一定的降水。此外，尚有少部分气流在天山东侧转向，并流入塔里木河流域[2]。

受上述水汽输送过程的影响，流域内全年降水稀少，多年平均降水量为 116.8mm，且时空分布极不均匀。在空间分布上，降水量总体由东南向西北呈逐渐增加的分布形态。流域降水量多集中在帕米尔高原、喀喇昆仑山、南部昆仑山、北部天山的山区，年降水量一般为 200～500mm；塔里木盆地内部边缘约为 50～80mm，盆地中心则仅有 10mm 左右。总体而言，"四源一

"干"多年平均年降水量较为丰富，约为236.7mm，但蒸发能力也很大，其中山区一般为800～1200mm，平原盆地则为1600～2200mm（以折算E—601型蒸发器的蒸发量计算）。此外，流域内降水年内分配也很不均匀，其中80%以上集中于夏、秋两季（5—10月）；冬、春（11月至次年4月）两季降水量不足20%。

流域内年积温值多为4000～4300℃，山区持续180～200天。年日照时数为2550～3500小时，无霜期190～220天。

1.1.5 河流水系

根据课题研究的目标与任务，将"四源一干"作为研究区，流域面积共25.86万km²。研究区多年平均年径流量占塔里木河流域年径流总量的64.4%。"四源一干"对塔里木河的形成、发展与演变起着决定性的作用。"四源一干"河流概况见表1.1[3]。

表1.1　　　塔里木河流域"四源一干"河流概况表

河流名称	河流长度/km	流域面积/万km²			附注
		全流域	山区	平原	
塔里木河干流区	1321	1.76	—	1.76	
开都河-孔雀河流域	560	4.96	3.30	1.66	包括黄水沟等河区
阿克苏河流域	588	6.23	4.32	1.91	包括台兰河等小河区
叶尔羌河流域	1165	7.98	5.69	2.29	包括提兹那甫等河区
和田河流域	1127	4.93	3.80	1.13	
合计	—	25.86	17.11	8.75	

塔里木河干流位于盆地腹地，流域面积1.76万km²，属平原型河流。从肖夹克至英巴扎为上游，河道长495km；河道纵坡1/6300～1/4600，河床下切深度2～4m，河道比较顺直，河道水面宽一般在500～1000m，河漫滩发育，阶地不明显。英巴扎至恰拉为中游，河道长398km；河道纵坡1/7700～1/5700，水面宽一般在200～500m，河道弯曲，水流缓慢，土质松散，泥沙沉积严重，河床不断抬升，加之人为扒口，致使中游河段形成众多汊道。恰拉以下至台特玛湖为下游，河道长428km；河道纵坡较中游段大，为1/7900～1/4500，河床下切一般为3～5m，河床宽约100m，比较稳定。

阿克苏河由源自吉尔吉斯斯坦的库玛拉克河和托什干河两大支流组成，河流全长588km，两大支流在喀拉都维汇合后，流经山前平原区，在肖夹克汇入塔里木河干流。流域面积6.23万km²，其中山区面积4.32万km²，平原区面积1.91万km²。

3

叶尔羌河发源于喀喇昆仑山北坡，由主流克勒青河和支流塔什库尔干河组成，进入平原区后，还有提兹那甫河、柯克亚河和乌鲁克河等支流独立水系。叶尔羌河全长 1165km，流域面积 7.98 万 km^2，其中山区面积 5.69 万 km^2，平原区面积 2.29 万 km^2。叶尔羌河在出平原灌区后，流经 200km 的沙漠段到达塔里木河。

和田河上游的玉龙喀什河与喀拉喀什河，分别发源于昆仑山和喀喇昆仑山北坡，在阔什拉什汇合，由南向北穿越塔克拉玛干大沙漠 319 km 后，汇入塔里木河干流。流域面积 4.93 万 km^2，其中山区面积 3.80 万 km^2，平原区面积 1.13 万 km^2。

开都河-孔雀河是开都河与孔雀河的统称，流域面积共 4.96 万 km^2，其中山区面积 3.30 万 km^2，平原区面积 1.66 万 km^2。开都河发源于天山中部，全长 560 km，流经焉耆盆地后注入博斯腾湖，从博斯腾湖流出后为孔雀河。20世纪 20 年代，孔雀河水曾注入罗布泊，河道全长 942km，进入 70 年代后，流程缩短为 520km，1972 年罗布泊完全干枯。随着入湖水量的减少，博斯腾湖水位下降，湖水出流难以满足孔雀河灌区用水需求。为加强博斯腾湖水循环，改善博斯腾湖水质，1982 年修建了博斯腾湖抽水泵站及输水干渠，每年向孔雀河供水约 10 亿 m^3，其中约 2.5 亿 m^3 水量通过库塔干渠输入恰拉水库灌区。

1.2 社会经济概况

塔里木河流域地跨巴音郭楞蒙古自治州、阿克苏地区、喀什地区、和田地区、克孜勒苏柯尔克孜自治州 5 个地（州），以及新疆生产建设兵团（以下简称兵团）农一师、农二师、农三师、农十四师共 4 个师的 56 个团场。流域范围内是一个以维吾尔族为主体的多民族聚居区，共有维吾尔族、汉族、回族、柯尔克孜族、塔吉克族、哈萨克族、乌孜别克族、藏族、壮族、锡伯族、蒙古族、朝鲜族、苗族、达斡尔族、东乡族、塔塔尔族、满族和土家族等 18 个民族。截至 2010 年底，塔里木河流域总人口为 1009.17 万人，占全疆总人口的46.2%。

截至 2010 年底，塔里木河流域耕地面积 2540.16 万亩，农作物总种植面积 3296.61 万亩，占全疆总种植面积的 46.2%，其中粮食播种面积 1399.61万亩，占全疆粮食播种面积的 46.0%；粮食总产量达 601.64 万 t，占全疆粮食总产量的 51.4%；经济作物播种面积 1896.99 万亩，占全疆经济作物总播种面积的 46.3%；牲畜总头数 2183.8 万头，占全疆牲畜总头数的 58.7%。

2010 年，全流域实现国内生产总值为 1739.29 亿元，占全疆国内生产总值的 32.1%，其中第一产业增加值 428.34 亿元，第二产业增加值 858.79 亿元，第三产业增加值 452.15 亿元，分别占全疆的 39.7%、33.8%、25.0%。全流域人均生产总值为 17234.92 元，占全疆人均生产总值的 69%；流域内仅巴音郭楞蒙古自治州人均国内生产总值高于全疆平均水平 87.2%，其余地、州人均国内生产总值均低于全疆平均水平。目前流域总体城市化水平不高，工业发展落后，属于新疆维吾尔自治区的贫困地区。

1.3 水资源状况

四源流多年平均天然径流量 256.73 亿 m^3，其中阿克苏河、叶尔羌河、和田河和开都河-孔雀河分别为 95.33 亿 m^3、75.61 亿 m^3、45.04 亿 m^3 和 40.75 亿 m^3。地下水资源与河川径流不重复量约为 18.15 亿 m^3，其中阿克苏河、叶尔羌河、和田河和开都河-孔雀河分别为 11.36 亿 m^3、2.64 亿 m^3、2.34 亿 m^3 和 1.81 亿 m^3。水资源总量为 274.88 亿 m^3，其中阿克苏河、叶尔羌河、和田河和开都河-孔雀河分别为 106.69 亿 m^3、78.25 亿 m^3、47.38 亿 m^3 和 42.56 亿 m^3。四源流水资源状况统计见表 1.2[3]。

表 1.2	四源流多年平均水资源总量统计表			单位：亿 m^3
流 域	地表水资源量	地下水资源量		水资源总量
		资源量	其中不重复量	
阿克苏流域	95.33	38.12	11.36	106.69
叶尔羌河流域	75.61	45.98	2.64	78.25
和田河流域	45.04	16.11	2.34	47.38
开都河-孔雀河流域	40.75	19.97	1.81	42.56
合 计	256.73	120.2	18.15	274.88

塔里木河干流是典型的干旱区内陆河流，自身不产流，干流水量主要由阿克苏河、叶尔羌河、和田河三源流补给。总体而言，塔里木河流域水资源具有以下特点：

（1）地表水资源形成于山区，消耗于平原区，冰川直接融水占总水量的 48%，由降水直接形成占 52%，总地表径流中河川基流（地下水）占 24%。

（2）地表径流的年际变化较小，四源流的最大和最小模比系数为 1.36 和 0.79，而且各河流的丰枯多数年份不同步。

（3）河川径流年内分配不均。6—9 月来水量占全年径流量的 70%～80%，大多为洪水，且洪峰高，起涨快，洪灾重；3—5 月灌溉季节来水量仅占全年径流量的 10% 左右，极易造成春旱。

（4）平原区地下水资源主要来自地表水转化补给，不重复地下水补给量仅占总水量的 6.6%。

1.4 流域水利工程现状

中华人民共和国成立以来，塔里木河流域进行了较大规模的水利工程建设，为流域的社会经济发展发挥了重要作用。这些水利工程主要包括水库/水电站、引水工程、渠系工程、机电井工程等。

1.4.1 水库工程

截至 2010 年底，"四源一干"已修建各类水库 59 座，总库容 52.3 亿 m³；其中大型水库 8 座，总库容 24.69 亿 m³。"四源一干"现有水库情况见表 1.3 和表 1.4。

表 1.3　　　　　　"四源一干"水库工程基本情况统计表

河流	水库数量/座	总库容/亿 m³
阿克苏河	4	4.94
叶尔羌河	25	23.17
和田河	14	15.04
开都河-孔雀河	8	2.98
干流	8	6.17
合计	59	52.3

表 1.4　　　　　　"四源一干"大型水库工程基本情况

所在流域	水库名称	总库容/亿 m³	兴利库容/亿 m³
阿克苏河	胜利水库	1.08	0.78
	上游水库	1.8	1.18
	多浪水库	1.2	1.102
叶尔羌河	小海子水库	5	4.8
	永安坝水库	2	1.5
	下坂地水库	8.7	6.93
开都河-孔雀河干流	察汗乌苏水库	1.25	0.74
	恰拉水库	1.38	1.30
	大西海子水库	2.28	2.07
合计		24.69	20.402

表1.3和表1.4表明，当前"四源一干"水库数量虽多，但总体缺乏具有调蓄能力的大型水库，上述8座大型水库的总库容占"四源一干"所有水库总库容的47.3%。

根据各源流与干流40余年来的年均径流量统计资料，相应统计范围内的水库总库容与年均径流总量之比均很小，其中阿克苏河最小，仅6.3%；和田河最大，为34.1%；叶尔羌河、开都河-孔雀河和塔河干流分别为30.6%、7.4%和13.5%。据此可初步判断，当前塔里木河流域已建水库均不具备年调节能力，现有水库库容不能满足塔里木河"四源一干"统一调度需求。

1.4.2 引水工程

截至2010年底，"四源一干"已建与在建各类引水枢纽、引水渠首、生态闸共130处（不包括临时取水口），总设计引水能力2880.5m³/s。其中干流引水渠首工程78处，包括农业引水闸27座，生态引水闸51座。

1.4.3 渠系工程

截至2010年底，"四源一干"干、支、斗三级渠道总长度4.95万km，已防渗1.81万km，防渗长度占渠道总长度的36.5%，其中干渠的防渗率相对较高，为51.8%，支渠防渗率为45.7%，斗渠防渗率为26.8%。开都河-孔雀河流域的渠系防渗率比较高，渠道的防渗长度已占渠道总长度的46%，而叶尔羌河和阿克苏河流域仅有34.4%和30.9%（表1.5）。

表1.5　　　　　　　　"四源一干"区域灌溉渠道情况统计表

项　目		干流/km	和田河/km	叶尔羌河/km	阿克苏河/km	开都河-孔雀河/km	"四源一干"	
							合计/km	防渗率/%
干渠	总长/km	1014.9	1864.6	2758	2014	1170.3	8821.8	51.8
	防渗长度/km	512.6	913.5	1801.6	656	690.1	4573.8	
支渠	总长/km	1001.2	3243.4	5172	2758	1584.4	13759	45.7
	防渗长度/km	475.3	1393.3	2530.3	1165	719.7	6283.6	
斗渠	总长/km	1026.4	5887.6	8982	6858	4188.1	26942.1	26.8
	防渗长度/km	395.1	1793.5	1487	1774	1784.1	7233.7	
合计	总长/km	3042.5	10995.6	16912	11630	6942.8	49522.9	36.5
	防渗长度/km	1383	4100.3	5818.9	3595	3193.9	18091.1	
	防渗率/%	45.5	37.3	34.4	30.9	46.0	36.5	

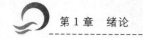

1.5　水文监测现状

1.5.1　水文站总体分布情况

经过几十年的建设，新疆基本形成了较稳定的国家基本水文站网。截至 2007 年底，新疆共有国家基本水文站 132 处，其中有大河控制站 61 处、区域代表站 56 处、小河站 15 处[4]。根据 SL 34—2013《水文站网规划技术导则》推荐、世界气象组织（WMO）编写的《水文实践指南》的要求，内陆干旱区和边远地区容许最稀站网密度为：水文站每站控制面积为 5000～20000 km²。全疆 132 处国家基本水文站，平均站网密度为 12452km²/站。

对于塔里木河流域而言，"四源一干"区域面积 58.08 万 km²［为涉及地（州）的总面积，非流域面积］，设有国家基本水文站 54 处，水文站网平均密度为 10756km²/站，满足《水文实践指南》推荐的容许最稀站网密度下限。近年来，经"新疆塔里木河流域水文与环境监测系统"项目建设，该区域的水文站网布局趋于合理[4]。

1.5.2　重要河段水文站、地下水水位站分布及数据报送方式

实时、准确的水文监测数据可为塔里木河流域水量统一调度顺利实施提供数据支撑。当前，"四源一干"内共有重要水文站 39 个（包括现有站、该建站和新建站），其中阿克苏河 8 个、叶尔羌河 7 个、和田河 9 个、开都河-孔雀河 8 个、塔河干流 7 个；另有地下水水位站 9 个，其中上游 3 个、中游 2 个、下游 4 个。

上述各水文站主要监测流量、流速、水位等水文数据；地下水水位站主要监测地下水水位等数据，水文数据与地下水水位数据采集与报送均按照国家相关标准和相应程序执行。

1.5.3　重要水利工程水文监测及数据报送情况

目前，塔里木河流域已建成多座拦河水闸枢纽、引水渠首等控制性蓄水、引水工程，另外尚有众多引水闸、引水口和泵站。"四源一干"地广人稀，水文监测站点分布稀疏，水情监测条件十分艰苦，加之相关引水工程管理部门人员数量有限，使得仅依靠传统的人工监测方法难以满足塔里木河流域水资源统一调度的实际需求。此外，人工观测存在误差较大、人工巡查周期不固定、人为操作错误等诸多弊端，容易造成水情监测数据精度不高等问题。因此，塔里木河流域管理机构适时引入了水情遥测、视频监控、闸门远程监控等现代化水

情监测及控制手段。

目前，塔里木河流域正在大力推进水文监测技术的现代化进程，例如使用远程视频监控系统，对流域内多处引水规模较大，调蓄能力强，涉及地（州）、兵团师分水的重要控制性工程进行远程监控；利用水资源管理遥测信息系统进行水情自动测报、闸门自动控制；并通过远程通信网络构建，实现信息的综合管理等。这些措施对协调上、下游之间的用水矛盾，保障水量统一调度的实施起到了重要作用[5]。

1.6 流域近期综合治理概况

1.6.1 规划目标

以 1998 年为现状水平年，塔里木河干流平均来水量为 38.7 亿 m^3，与"塔里木河流域近期综合治理规划"治理目标 51.0 亿 m^3 相差 12.3 亿 m^3，所差水量须通过对源流区采取节水改造措施予以解决。考虑到源流区下游河道的输水损失，当地灌区节水量须达到 19.75 亿 m^3。在源流治理的同时，通过干流综合整治和灌区节水改造节水 3.7 亿 m^3，并退耕 33 万亩，节水 3.18 亿 m^3，以满足干流工业生活用水及合理的生态需水，实现大西海子下泄 3.5 亿 m^3 生态水量、输水到台特玛湖的目标。

1.6.2 实施效果

塔里木河流域近期综合治理项目自 2001 年启动，计划投资 107.39 亿元，截至 2012 年底，累计开工建设 464 项，完工 453 项，完工率 98%；完成竣工验收 329 项，竣工验收率 73%。累计完成总投资 98.82 亿元，投资完成率 94%。累计完成拦河枢纽 4 座，渠道防渗 7767km，干流输水堤 600km，分别疏通大西海子水库下游河道、源流叶尔羌河河道、和田河河道 365km、295km、319km，建设生态闸 53 座，新开水源地机井 2044 眼，改建平原水库工程 7 座，完成高效节水灌溉面积 44 万亩，完成塔里木河干流 5 个林草保护与生态建设项目，生态保护面积 538 万亩。

各项治理工程相继建成运行，既有效遏制了流域生态退化的被动局面，基本实现了"下游生态环境得到初步改善，干流上中游林草植被得到有效保护和恢复"的近期综合治理目标；又促进了流域各地经济社会的快速发展，为流域各地保增长、保稳定、保民生发挥了不可替代的促进作用，达到了保生态、惠民生、促稳定之目的，呈现出生态效益、经济效益和社会效益共赢

的良好局面。

总体而言，塔里木河流域综合治理项目实施以来，在以下几个方面取得了良好的治理效果：

（1）源流区节水效益显著，向干流输水量增加。源流灌区渠道防渗改建等水利基础设施的建设，有效地提高了渠道输水效率，减少了输水损失，提高了水资源利用率；改善了灌区灌溉条件，缩短了灌溉周期，提高了灌区水利用率，使农作物适时适量得到灌溉。

（2）干流上、中游河道治理初见成效，下游来水量明显增加。塔里木河干流整治工程进展较快，目前，干流两岸 610km 输水堤主体工程、160km 塔河干流工程管理道路、阿其克分水枢纽、阿恰分水枢纽工程已投入使用。随着干流上中游河道输水主体工程基本完成，通过干流向下游输水量明显增加，增强了干流对生态供水的调控能力，这将为实现干流下游大西海子以下下泄 3.5 亿 m³ 生态水的规划目标提供输水工程保证。

（3）多次成功实施建设期生态输水，下游绿色走廊地下水水位抬升、水质好转，生态环境得到修复和改善。至 2017 年底，已成功向塔里木河下游实施了 18 次生态输水，自大西海子水库向塔里木河下游输水量总计达 70 亿 m³。自第 3 次输水开始，下泄水量到达台特玛湖；自第 5 次开始，又利用其文阔尔河和塔里木实施了双河道输水；水流 14 次到达台特玛湖，使塔里木河下游 501km 长河道恢复通流。

输水前，塔里木河干流下游地下水埋深普遍下降至 8～12m；输水后，地下水位平均上升幅度大于 4m，各监测断面地下水矿化度显著下降，塔里木河下游生态环境恶化趋势得到遏制，干流两岸绿色走廊植被得到一定程度的恢复和改善。

（4）增强了公众节水意识，促进了流域内经济社会稳定发展。通过规划的实施，提高了各级领导、群众对节约用水的认识，各级、各部门都有了用水指标意识，这对实现规划目标起到了重要作用。在节水措施方面推进了高新节水项目，部分兵团试点建设的高新滴灌节水增效工程取得了很好的经济和生态效益，对地方起到了很大的示范带动作用。同时，塔里木河近期治理项目的实施改善了区域环境和生产、生活条件。据统计，部分项目区的人均收入有了较大幅度的增长。进一步增进了地方与兵团的联系，增强了民族凝聚力和向心力，对边疆地区的政治稳定、民族团结、经济发展起到重要的推动作用。

（5）流域水管理法规逐步健全和完善，流域水量统一调度和合理配置能力稳步增强。2005 年，新疆维吾尔自治区十届人大常委会第十五次会议审议通过了修订后的《新疆维吾尔自治区塔里木河流域水资源管理条例》（简称《条例》）。《条例》明确规定了流域内水资源实行流域管理与行政区域管理相结合的管理体制，以及行政区域管理应当服从流域管理的原则，进一步推进了依法治水，为加强水资源的统一管理、实现塔里木河流域水资源的可持续利用提供了法律依据和保障。目前，流域水量统一调度开始实施，按照新疆维吾尔自治区制定的流域水量分配方案，初步实现了流域水资源的合理调配。

1.6.3 存在的问题

塔里木河流域近期综合治理以来，流域范围内的社会经济和生态环境保护建设取得了阶段性成效，流域水资源统一管理力度也在不断加强，但也逐渐暴露出诸多问题亟待解决，这些问题主要表现在以下几个方面。

（1）认识有待进一步提高。当前流域内各级水行政主管部门及广大用水户对如何处理好当前利益和长远利益、局部利益和整体利益的关系，如何处理好经济发展与生态环境保护的关系的认识还有待提高；开展塔里木河综合治理是一项系统工程，必须从源流到干流、从上游到下游协调联动才能实现治理目标，这方面的认识还很不到位、亟需提高。

（2）水资源管理机制不健全。目前，塔里木河流域水资源管理体制改革正在有序地开展，但源流管理机构改变隶属关系并不能解决所有的问题，流域内配套的运行管理机制严重滞后、亟需完善，统一管理体制始终未能真正理顺，致使新疆塔里木河流域管理局（简称塔管局）在实施流域水资源管理时，仅有管理的责任，却没有相应的法律、体制、行政、经济以及工程管理等方面的职权，责权分离。

（3）水能资源开发观念滞后，秩序亟待规范。当前，塔里木河流域主要河流的水能资源被无偿划拨给少数国有电力企业开发使用，形成了多家割据、群雄纷争的局面，对水能资源开发利用管理工作提出了严峻挑战，观念滞后、规划滞后、政策法规滞后、管理机制滞后等诸多问题纷纷凸显出来。

（4）水行政执法缺乏有力手段。目前国家及新疆维吾尔自治区的水法律、法规、规章对执法手段的刚性规定不足，且缺乏可操作性，塔管局在水资源管理过程中还没有执法权力，对违法者的震慑力不够，在执法过程中还需协调其他部门给予配合，延长了执法周期，延误了执法时机，难以及时、有效地制止违法取水等问题。决堤、破坏河道堤防和生态闸、聚众强行开闸引水，在河道管理范围内非法开垦、建房、建堤等阻水建筑物侵占河道以及违法捕鱼、盗窃水利设备、使用威胁的方法阻碍水行政执法人员执行职务等案件时有发生。部分案件潜在危害很大并已触犯刑律，仅靠水政监察人员依据行政法规无法有效查处，加之塔里木河流域各项水利工程具有线长、点散、偏僻的特点，地方公安机关因警力不足，无法及时有效查处。目前，塔里木河流域水事方面的治安、刑事案件的查处力度亟需加强。

1.7 流域统一调度实施现状

1.7.1 流域统一调度发展历程

长期以来，塔里木河流域水资源缺乏统一管理，自 20 世纪 50 年代起，塔里木河流域各地（州）、兵团师陆续在源流成立了各自的流域管理机构和用水管理单位，对辖区范围内的取用水进行直接管理，建立了以区域管理为主的水资源管理体制。

自 20 世纪 70 年代中期以来，新疆维吾尔自治区人民政府及有关部门组织进行了塔里木河流域水土资源的综合考察、科学研究及规划，针对塔里木河流域水土资源开发利用中存在的问题，尤其是下游"绿色走廊"的生态环境恶化问题，指出了区域水资源管理体制的弊病，并提出了实施流域水资源统一管理的必要性。

1989 年，新疆维吾尔自治区开始制定塔里木河流域总体规划，对流域各支流水资源的开发利用进行了明确的规定，即以基本上不减少支流向干流下泄水量为前提进行水土资源的开发。在规划中明确了支流对干流应承担的义务，并提出成立塔里木河流域管理机构以加强流域水资源的统一管理。

1990 年，新疆维吾尔自治区批准成立塔里木河流域管理局，经各方共同努力，新疆塔里木河流域管理局于 1992 正式成立，塔里木河流域管理委员会也在同期成立，以加强流域水行政管理和协调能力。与此同时，在先后完成的阿克苏河、叶尔羌河、和田河以及塔里木河干流等的规划中，通过各种会议反复论证和研究，本着"尊重历史、维持现状、兼顾发展"的原则，在干流总水量基本保持不变的前提下，确立了源流向干流的分水目标以及干流上、中、下游的水资源分配原则，为实施流域水资源的统一调配和管理及改善塔里木河下游"绿色走廊"的生态环境奠定了基础[6]。

1994 年，经新疆维吾尔自治区人民政府批准，根据《中华人民共和国水法》（简称《水法》）和《新疆维吾尔自治区实施〈水法〉办法》，颁布了《塔里木河流域水行政水资源管理暂行规定（试行）》。这一规定为正确处理源流与干流，干流上、中、下游的水资源开发与保护的关系，以及统筹局部与整体、短期利益与长远利益之间的关系提供了法律依据，在较大程度上加强了塔里木河流域水资源统一管理制度建设[7]，逐渐形成了塔里木河流域内的流域管理与区域管理相结合的管理体制。

1997 年，新疆维吾尔自治区八届人大第十三次常务会议审议通过了《新疆维吾尔自治区塔里木河流域水资源管理条例》（简称《条例》），开创了我国流域管理立法的先例，对我国干旱区及其他流域管理的立法工作具有重要的借鉴意义。《条例》对塔里木河流域的范围、水资源的权属、管理制度、流域管理体制与运行机制、流域管理与区域管理的关系、流域机构与各地（州）的水资源管理的职权范围、水量分配原则等重大问题进行了明确规定，为实施流域水资源统一管理和生态环境保护提供了有利的法律保证[8]。

1998年，根据《条例》的规定，先后成立了塔里木河流域水利委员会、执行委员会，并通过五年工作计划和水利委员会章程。

1999年初，新疆维吾尔自治区人民政府下发了《新疆塔里木河流域各用水单位年度用水总量定额（试行）》，以总用水量、流域占用地表水量、年用水过程三个指标为抓手，明确规定了流域内"四源一干"的年度用水总量定额，并明确提出各用水单位的地下水开发也须纳入流域统一管理。

2000年，塔里木河流域水利委员会与流域内各用水单位签订了新年度的用水协议，规定了塔里木河流域用水总量，对各用水单位实行限额用水，超出用水限额者，须按照《条例》予以重罚。

2001年，国务院在《关于塔里木河流域近期综合治理规划报告的批复》中明确指出，"加强流域水资源统一管理和科学调度是塔里木河流域近期综合治理的关键"。

自2002年起，塔里木河流域水量统一调度开始正式实施。十几年来，在水利部、黄河水利委员会、新疆维吾尔自治区水利厅的支持下，在各地（州）、兵团师和有关部门的积极配合下，塔里木河流域水量统一调度工作取得了实质性进展。

2003年，新疆维吾尔自治区人民政府制定颁布了《塔里木河流域"四源一干"地表水量分配方案》，确定了流域各地（州）、兵团师用水量，同时也确定了近期综合治理项目完成后各地（州）、兵团师用水量和下泄至塔里木河干流的水量。塔管局根据来水预测，结合各地（州）、兵团师综合治理工程节水实际，制定各年度6—9月实时调水预案，严格按照"科学预测、精心调度、强化监督、加强协调"的要求，依据批准的年度调水预案，进行滚动分析计算，及时调整当旬计划并下达调度指令[9]。2003年全流域5个地（州）、兵团4个师首次从总体上完成了年度水量调度任务。

2005年，根据新《水法》、《新疆维吾尔自治区实施〈水法〉办法》的指导思想和主要修订内容，结合塔里木河流域经济社会的发展、水资源状况的变化以及出现的一些新情况、新问题，自治区十届人大常委会又审议通过了修订后的《新疆维吾尔自治区塔里木河流域水资源管理条例》，并于2005年5月1日起施行。《条例》的颁布实施，在我国流域水资源管理体制上取得了重大突破，在明确规定实行"流域管理与区域管理相结合"的水资源管理体制的基础上，规定了"区域管理应当服从流域管理"，进一步理顺了水资源管理体制，强化了流域的统一管理。

2011年，将源流流域管理机构整建制移交，划归塔管局直接管理。将"四源一干"中的阿克苏、叶尔羌、和田流域管理局及巴州水利管理处，整建制（包括河道供水工程）移交塔管局，成立塔里木河流域阿克苏管理局、塔里木河流域和田管理局、塔里木河流域喀什管理局、塔里木河流域巴音郭楞管理局，隶属塔管局，塔管局对四源流的水资源和河流上的提引水工程实行直接管理。

至2017年底，新疆维吾尔自治区已先后实施了18次向塔里木河下游生态输水，从大西海子水库累计下泄水量70亿 m³，14次将水输到台特玛湖，结束了塔里木河下游河道连续断流近30年的历史，有效改善了下游生态环境。

1.7.2　流域统一调度实施效果

通过近10年来的统一调度实践，尤其是2011年"四源流"管理机构整建制移交以来，塔里木河流域水资源统一管理力度不断加大。各地（州）、兵团师计划用水、节约用水意识进一步增强，塔里木河下游来水量增加，水量统一调度取得了诸多实质性的成效，开创了塔里木河流域水量统一调度管理的新局面。根据统一调度实施效果的性质，将其概括为以下几个方面：

（1）流域水资源统一调度相关法律法规不断充实完善，统一调度法律体系初步成形：①依法设立了塔里木河流域水利委员会，并且每年签订年度用水目标责任书，制定的法规使流域水量分配方案有法可依；②水行政执法有法可依，执法水平不断提高；③法规的实施和宣传使流域内全社会依法节水意识不断增强。

（2）流域水资源统一调度体制机制改革取得阶段性成果，"流域管理与行政区域管理相结合，区域管理服从流域管理"的新体制基本建立。新体制的建立，解决了流域管理与区域管理事权划分不明、流域管理机构对水资源的管理有责无权等问题，打破了原有的以行政区域管理为主的"小流域"管理体制，把《条例》中关于"流域管理与区域管理相结合、区域管理服从流域管理"的规定真正落到了实处。

（3）流域水资源统一调度行政措施实施取得阶段性成效，与流域水资源统一调度和管理相适应的行政组织机构初现雏形。

（4）开始积极探索流域水资源统一调度的经济保障措施，初步提出了超额用水累进加价、生态补偿等措施。

（5）流域综合治理项目中规划的流域灌区节水改造工程、水库改造工程、地下水开发利用工程、河道治理工程、博斯腾湖输水工程、山区控制性水库工程、水资源统一调度及管理工程等大部分已竣工投产，为流域水资源统一调度与管理奠定了坚实的基础。

（6）流域各地（州）、兵团师的各级领导对加强塔里木河流域水量统一调度管理的认识大大提高，进一步推进了由区域管理模式向流域统一管理与区域管理相结合、区域管理服从流域管理模式的转变进程。

（7）通过实施水量统一调度管理，初步实现了流域水资源的合理配置，确保了源流向干流输水。协调了源流与干流，干流上、中、下游的用水矛盾，保证了各用水单位计划指标内的生产和生活用水，协调了地方与兵团的用水关系，补偿了部分生态用水，最大限度地发挥了流域水资源的社会、经济和生态环境的综合效益。

（8）截至 2017 年底，成功实施了 18 次生态输水，再加上车尔臣河来水，从大西海子水库累计下泄水量近 70 亿 m^3，14 次将水输到台特玛湖，结束了塔里木河下游河道连续断流近 30 年的历史，改善了下游生态环境[9]。

1.7.3 存在的问题

（1）流域水资源统一调度法律法规体系尚不健全，需进一步充实和完善。具体体现在以下五个方面：

1）以地域为单元的区域管理观念仍然较深，流域管理仍需强化，特别要强化行政区域管理应当服从流域管理的观念。源流与干流、上游与下游、地方与兵团、生产与生态用水关系的协调仍然有难度，流域水资源统一调度、合理配置需要加强。

2）有些法规条款原则性过强，缺乏实际可操作性。对具体情况的处理缺乏明确的法律依据，使得规定的流域水资源管理制度在执行过程中被打折扣。

3）与《条例》配套的法规、规章、规范性文件建设仍需要完善，如源流管理制度、取水许可制度、水政监察制度等。

4）行政协调、行政强制等行政命令手段运用较多，而依法处罚等手段运用较少。

5）存在着执法难和执法不严的问题。

（2）流域水资源统一调度管理体制仍未真正理顺，运行机制尚需进一步完善。主要体现在以下四个方面：

1）如何实现区域管理服从流域管理在体制机制上需要进一步研究和落实。

2）电调与水调不相协调。近年来，塔里木河流域水电开发建设已被大的企业集团占有、控制。这些由企业开发建设、管理的山区控制性水库未纳入流域水量统一调度管理，没有按照"电调服从水调"的原则进行调度运行管理，已对农业灌溉、河流生态，以及向塔河供水造成了很大影响。

3）地表水与地下水管理分割。目前塔里木河流域对于地下水实行的仍然是"行政区域管理"的管理体制，造成一些地方水行政主管部门对地下水开发利用审批监督不严格，无序打井、过量开采地下水的现象严重，特别是塔里木河沿河两边违规打井现象更为严重，已经对生态环境产生了严重影响。

4）执法力度需要进一步加强。违反《条例》和自治区批准的水量分配方案，不执行水调指令抢占、挤占生态水，不按塔里木河近期治理规划确定的输水目标向塔里木河输水的现象时有发生，因此执法力度需要进一步加强。

（3）水资源统一调度的行政管理中责权分离、责任考核制度不完善、缺乏完善的会商机制、执法困难、缺乏民主参与机制、人员编制不足等问题依然存在，具体体现在以下几个方面：

1）管理责权分离。流域管理与行政区域管理相结合，行政区域管理服从流域管理的体制未能完全实施到位，缺乏相应的完善机制与有力的行政保障，水资源统一管理难以得到真正的实现。

2）责任考核制度不完善。目前自治区已实行用水行政首长负责制。在分配用水总量限额内，流域各地州及兵团师负责区域水资源的统一调配和管理，实行行政首长负责制。但在与之相关的责任考核制度、奖惩机制等方面还需要进一步细化和完善。

3）缺乏完善的会商机制。塔管局已于 2010 年建立了"流域水资源管理联席会议制度"。按照制度规定，塔管局每年与相关地（州）、兵团师召开联席会议 1～2 次，就限额用水和水量调度等问题进行了沟通协调。在新体制建立后，由于管理区域的扩大以及涉会地（州）、兵团的相应增加，应完善并认真落实会商机制，解决并协调好常规以及突发的水事状况。

4）监督执法困难。主要体现在三个方面：首先，用水户的法制观念淡薄，暴力抗法等问题严重，严重阻碍了流域水资源的统一管理；其次，水政监察队伍建设滞后，难以满足流域水政监察执法需求；再次，"有法不依""执法不严"问题突出。

5）缺乏民主参与机制。目前，流域层次的参与机制主要在塔里木河流域的协调机构——流域水利委员会，参与方式是行政手段和上下级管理，尚未引入民主参与机制。

6）基层业务素质有待提高。基层部分工作人员纪律涣散、责任心不强、职业素养不高、业务水平参差不齐、法制意识薄弱，不能遵守执行相关法规条例及上级命令，"人情水""关系水""生态闸"看守不到位等现象在某些地区较为普遍，在一定程度上阻碍了塔里木河流域的水资源统一调度管理。

7）人员编制不足。塔管局在体制改革前原有编制194名，在四源流统一移交塔管局管理之后，由于管理工作量的加大，以及需要增设水利公安并且完善水政监察机构等，需要增加专职人员编制，以保障水资源统一调度管理的全面实施。

（4）流域水资源统一调度经济保障措施不到位，主要体现在以下几个方面：

1）水价形成机制不完善。塔河流域现行水价偏低，主要是由于自身的特点，各地生产力发展水平差别较大，至今尚未有科学、合理的水价形成机制，水价体系没理顺，只把水利工程供水作为一种事业性收费，没有真正纳入商品范畴进行定价和管理。供水成本不完全，影响供水价格的制定，水价结构不合理，塔河上下游水价关系不顺，水价整体水平偏低，经济杠杆作用难以发挥。

2）水价调整机制不灵活。近几年来自治区北疆地区根据《水利工程供水价格管理办法》进行了水价调整。南疆地区由于对水资源的商品属性缺乏足够的认识，政府对农业水价的改革与调整更多地从农民承受能力考虑，而较少地关心和考虑水管单位的实际利益，限制正常提价，导致水价与成本严重背离，水资源的资源价值以及水的商品属性不能充分体现，极大地淡化了节水的利益驱动机制，导致农民的节水意识不高，用水效率低下，造成了水资源的浪费。

3）超限额用水累进加价制度实施困难。目前仅在自治区批准实施的《关于塔河干流区供水价格有关问题的通知》中规定，对塔里木河流域干流超额用水实行累进加价，除塔里木河干流区以外，自治区层面还没有出台其他各源流区具有可操作性的相关实施细则或规范性文件，导致其他地区实施超限额用水累进加价制度困难大；而且超限额用水累进加价制度仅靠流域管理机构推行实施，缺乏政策保障。

4）缺乏有效的利益调节机制以及生态用水补偿机制。流域内生产用水挤占生态用水的行为非常普遍，对这种行为通常还仅限于以行政手段加以干预和制止，缺乏与抢占挤占生态用水获益者利益相挂钩的刚性约束机制与利益补偿机制，因此挤占生态用水几乎没有成本，挤占生态用水的行为难以得到有效遏制。

5）没有建立水权转让市场。塔里木河流域没有建立水权转让市场，水价过低，水资源浪费与紧缺并存，源流与干流、上游与下游、地区与地区、生产用水与生态用水之间的矛盾尖锐。

（5）流域水资源统一调度及管理工程建设滞后，水量分配方案未能与最严格水资源管理制度接轨，水资源优化配置技术相对落后，具体体现在以下几个方面：

1) 流域内缺乏具有调蓄能力的骨干控制性水利工程，现有调蓄水利工程规模小、布局不合理。塔里木河流域内的河川径流量年内分配不均，6—9 月来水量占到全年径流量的 70%～80%。由于流域源流区上游缺少具有一定调蓄能力的控制性水库工程，现有水库多为小型水库，且基本属于平原水库，不具备"蓄丰补枯"的年内调节能力，不仅使汛期大量的洪水资源白白浪费，同时也对流域下游的防洪安全构成一定威胁。

2) 在河流关键节点缺乏具有控制能力的统一调度配套工程，严重阻碍了统一调度的运行实施。如艾里克塔木渠首设计最大流量为 100m³/s，当水量超过设计标准时，大河来水量会全部流向小海子水库，但小海子水库进水渠没有节制性控制闸，无法控制小海子水库的进水，即使小海子水库限额用水指标已经用完，小海子水库仍会进水，因此，只能从永安坝水库泄洪闸泄水，从而加大了水量调度工作的难度。

3) 部分行洪河道缺乏河道堤防工程，河道整治工程力度不够，部分河段河道泥沙淤积问题仍然存在，汛期河道漫溢现象仍有发生，增加了输水损失。综合治理实施后，重点河段的汛期洪水漫溢和渗漏问题得到了一定程度的改善，但这一问题仍未彻底解决，下一步还需针对其他主要河段和部分灌区输水渠道进行重点治理。

4) 水文监测手段、设施对水资源统一调度的支撑力度不够，严重影响了统一调度的执行效率。具体体现在以下 5 个方面：①四源流水文监测站点数量严重不足，监测数据难以支撑"四源一干"水量统一调度与水资源合理配置的需求；②流域水文监测手段落后，水利信息化率低，水情监测数据的实时性与可靠性差，对相关人员的监督力度不足，容易出现"人情水""关系水"；③无序的河道采砂等人类活动，极大地改变了部分水文站点的大断面特征，水文资料的系列性遭到严重破坏；④水情实时监测、动态控制水平总体低，对洪水的快速反应及联动能力差，亟需建设有效的防洪预警系统；⑤灌区改造工程已取得一定成效，但仍任重道远。

5) 尚未建立与最严格水资源管理制度接轨的水量分配方案。当前流域内的水量分配方案是依据《塔里木河流域"四源一干"地表水量分配方案》制定的，未与最严格水资源管理制度下新疆的用水总量控制指标接轨，未能将地表水和地下水统一起来纳入流域管理体系。

6) 目前水资源统一调度多依据"灌溉"或"灌溉＋生态"等相对单一的目标，缺乏统筹考虑防洪、灌溉、供水、发电、生态等问题，兼顾干、支流，上、中、下游之间关系的多目标联合优化调度技术。当前，塔河流域水量调度方式多为单目标调度，塔河流域的部分水电开发与塔河水量调度未实现有机结合，尚未从考虑水资源的综合效益角度出发，开展多目标联合调度；同时，由于流域内缺乏具有调蓄能力的骨干控制工程，导致流域内水资源调度效率低下，严重阻碍了水资源综合效益的发挥。

7）仅注重地表水资源管理，忽略地下水资源管理，亟需提高"地表水-地下水"联合管理技术。受地下水无序开采等影响，开都河-孔雀河、塔河干流部分河段径流对地下水补给量增加，河道渗漏损失增大，增加了输水沿程渗漏损失，有效输水率显著减小，给塔河流域水资源统一调度带来很大不便。因此，仅对地表水、忽略地下水的水资源管理体制，已不能适应塔里木河流域水资源统一管理的实践需求。亟需建立兼顾地表水与地下水的新管理体制，提高"地表水-地下水"联合管理技术。

8）流域典型生态系统"水分-生态"相互作用机制复杂，生态保护目标的生态需水量阈值不明确，盲目补水可能造成水资源浪费，降低水资源的利用效率与效益。生态需水量是水资源在生态系统和社会经济系统合理分配的关键依据。目前，塔里木河流域主要植被的生态需水阈值已有初步定量计算结果，但是"四源一干"区域生态保护目标及其需水阈值尚需进一步明确，相应的生态需水量需要进一步厘定。

9）"四源一干"部分区间的耗水构成及其规律尚不明确，不利于流域水资源统一调度的实施。区间耗水量与下泄量是水资源配置的主要依据。目前已对和田河、叶尔羌河两条源流的区间耗水量进行了较为系统的分析，但由于水量统一调度涉及"四源一干"整个区域，水资源统一调度"牵一发而动全身"，因此需要对整个"四源一干"范围内的不同子流域、不同河段耗水构成与耗水规律进行系统研究，为"四源一干"范围内水资源合理配置提供科学依据。

第2章

塔里木河流域统一调度法律保障研究

当前，塔里木河流域水资源统一调度的相关法律法规体系尚不健全。本章对现有塔里木河流域水资源统一调度相关的法律进行了梳理，结合塔里木河流域水资源统一调度的法律法规保障需求，提出了相应的法律保障措施。

2.1 流域水资源管理及统一调度的有关政策法规文件

我国的水资源管理制度是 1988 年颁布实施的《中华人民共和国水法》（简称《水法》）中首次以法律形式规定的："水资源属于国家所有。国家对水资源实行统一管理与分级、分部门管理相结合的制度。"然而，这一规定存在不容忽视的缺陷，导致流域和地区、部门之间职能交叉和错位；上游与下游、地表水与地下水、水量与水质分割管理等，影响了水资源的统一管理、合理配置和综合效益的发挥。这一缺陷也影响了《新疆维吾尔自治区塔里木河流域水资源管理条例》等地方法规的制定。

为了加强对塔里木河流域水资源的统一管理，新疆维吾尔自治区人民政府于 1990 年成立了新疆塔里木河流域管理局，使塔里木河由区域管理向流域管理迈出了关键的一步。并在 1997 年根据《水法》颁布了《新疆维吾尔自治区塔里木河流域水资源管理条例》。《条例》规定："塔里木河流域水资源属于国家所有。对流域内水资源应当加强统一管理，实行统一管理与分级管理相结合的制度。"

2002 年 8 月，第九届全国人民代表大会常务委员会对《水法》予以修订，其中对水资源的管理体制进行了专门修订。新《水法》第十二条规定，"国家对水资源实行流域管理与行政区域管理相结合的管理体制"，这符合水资源的自身特点和我国的实际情况，为水资源的统一管理调度提供了体制保障。2005年，新疆维吾尔自治区人民政府依据新《水法》，同时结合塔里木河流域的实际情况，修订了《条例》，新《条例》在流域水资源管理体制上取得了重大突破，规定"流域内水资源实行流域管理与行政区域管理相结合的管理体制，行政区域管理应当服从流域管理"。

《条例》的修订以及其他一系列法规、政策制度的颁布，标志着塔里木河流域水资源统一管理、统一调度政策法规体系的不断完善。

2.1.1 《水法》

1988年《中华人民共和国水法》颁布实施，标志着我国水资源的开发、利用、管理进入法制化轨道。其中的第九条规定了我国的水资源管理制度："国家对水资源实行统一管理与分级，分部门管理相结合的制度。国务院水行政主管部门负责全国水资源的统一管理工作。国务院其他有关部门按照国务院规定的职责分工，协同国务院水行政主管部门，负责有关的水资源管理工作。县级以上地方人民政府水行政主管部门和其他有关部门，按照同级人民政府规定的职责分工，负责有关的水资源管理工作。"虽然此条款为推进我国水资源的统一管理迈出了重要的一步，但由于对水资源的权属管理部门与开发利用部门相互间的关系和职责划分不清，没有明确流域管理机构的职责和权限，导致流域和地区、部门之间职能交叉和职能错位的"多龙治水"现象。主要表现：一是流域按行政区域分割管理；二是源流和干流分割管理；三是上游和下流分割管理；四是地表水、地下水分割管理；五是水量与水质分割管理。这种管理体制在实践中产生的主要问题有：一是不利于水资源统一调度，统筹解决缺水的问题，例如一些上游和源流地区大量引水，造成下游和非源流地区江河断流、无水可用，给下游和非源流地区的经济社会发展和生态环境带来巨大的损害；二是不利于地表水、地下水统一调度，加剧了地下水的过量开发；三是不利于统筹解决生态和环境的问题；四是不利于江河防洪的统一规划、统一调度和统一指挥；五是不利于水资源、经济、社会和环境等综合效益的发挥。

为此，2002年的新《水法》专门对水资源的管理体制进行了修订。水资源管理体制是国家管理水资源的组织体系和权限划分的基本制度，是合理开发、利用、节约和保护水资源以及防治水害，实现水资源可持续利用的组织保障。改革和完善水资源管理体制，进一步强化水资源的统一管理，是《水法》修订的一个重要内容。新《水法》第十二条规定："国家对水资源实行流域管理与行政区域管理相结合的管理体制。"水是人类赖以生存与经济社会发展不可替代的基础性资源，也是生态环境的基本要素。水资源与土地、森林、矿产等资源不同，它是一种动态的、可再生的资源。流域是一个以降水为渊源、水流为基础、河流为主线、分水岭为边界的特殊区域概念。水资源按照流域这种水文地质单元构成一个统一体，地表水与地下水相互转换，上下游、干支流、左右岸、水量水质之间相互关联、相互影响。因此，对水资源只有按流域进行开发、利用和管理，才能妥善处理上下游、干支流等地区间、部门间的水事关系。水资源的另一特征是它的多功能性，水资源可以用来灌溉、发电、供水、水产养殖等，并具有利害双重性。因此，水资源开发、利用和保护的各项活动需要在流域内实行统一规划、统筹兼顾、综合利用，才能兴利除害，发挥水资源的最大经济、社会和生态环境效益。以流域为单元进行水资源的管理已经成为世界潮流。早在 1992 年，联合国环境与发展会议通过的《二十一世纪议程》就指出：水资源的综合管理包括地表水与地下水、水质与水量两个方面，应当在流域一级进行，并根据需要加强或者发展适当的体制。我国重要江河均是跨行政区域的流域，这一自然特点使得协调流域管理与行政区域管理的关系显得更为重要。我国地域广阔，各地水资源状况和经济社会发展水平差异很大，实行流域管理和行政区域管理相结合的管理体制还必须紧密结合各地实际情况，充分发挥县级以上地方人民政府水行政主管部门依法管理本行政区域内水资源的积极性和主动性。从《水法》有关规定以及国外流域管理的成功经验来看，流域管理机构在依法管理水资源的工作中应当突出宏观综合性和民主协调性，着重于一些地方行政区域的水行政主管部门难以单独处理的问题，而一个行政区域内的经常性的水资源监督管理工作主要应由有关地方政府的水行政主管部门具体负责实施。

2.1.2　《新疆维吾尔自治区塔里木河流域水资源管理条例》

（1）《新疆维吾尔自治区塔里木河流域水资源管理条例》是我国第一部地方人民代表大会制定的有关流域水资源管理的法规。

1997 年经新疆维吾尔自治区第八届人大常委会审议，通过了《条例》。《条例》依据《水法》及有关法规，结合塔里木河流域实际，规定了流域水资源开发、利用、保护、管理的原则、管理制度和水资源管理体制，明确了流域管理机构的法律地位，初步理顺了水资源管理体制，规定"对流域内水资源应当加强统一管理，实行统一管理与分级管理相结合的制度"，促进了塔里木河流域综合治理。

（2）修订《条例》（1997 年版）的必要性。

随着塔里木河流域经济、社会的快速发展，流域水资源管理工作的不断深入，特别是西部大开发以来塔里木河流域综合治理的全面实施，在流域管理上暴露出许多问题，主要表现在：一是以地域为单元的区域管理观念仍然较深，全流域统一管理的体制和机制仍有待完善，流域管理机构的职能有待加强，流域统一管理仍需强化；二是流域规划工作滞后，违背规划、不遵守规划搞建设管理的现象时有发生；三是源流与干流、上游与下游、地方与兵团、生产与生态的用水关系难以协调，流域水资源统一调度、合理配置仍然困难重重，由于流域管理机构与地、州、兵团各师水量调度管理职责不清，加上缺乏相应的调控手段，已确定的水量分配与调度方案和各源流向塔里木河干流输水目标难以得到认真贯彻；四是非法开荒问题依然严重，虽然国家、新疆维吾尔自治区已明确规定在塔里木河流域综合治理目标实现之前流域内不准扩大灌溉面积，干流不准开荒，但非法开荒仍未得到有效制止；五是流域内用水效率低下，浪费水的问题仍比较突出，不严格执行水量调度计划、超计划用水等行为时有发生；六是《条例》（1997年版）规定的法律责任不够全面，可操作性需增强。上述问题迫切需要通过修改《条例》（1997年版）来解决。2002年国家新《水法》和2003年《新疆维吾尔自治区实施〈水法〉办法》（简称《实施〈水法〉办法》）颁布实施，明确规定了要实行流域管理与行政区域管理相结合的管理体制。国务院对塔里木河流域近期综合治理规划的批复也对加强塔里木河管理提出了新的要求。新《水法》、新《实施〈水法〉办法》所做的重大修订以及国务院的要求，都需要在塔里木河流域认真贯彻落实，需要在《新疆维吾尔自治区塔里木河流域水资源管理条例》中体现并具体化。因此，2005年，新疆维吾尔自治区人民政府修订并颁布了《新疆维吾尔自治区塔里木河流域水资源管理条例》。

（3）2005年版《条例》的主要修订内容。

1）2005年版《条例》在流域水资源管理体制上有重大突破。《条例》在流域水资源管理体制上有重大突破，体现在第四条。《条例》第四条规定："塔里木河流域水资源属于国家所有。流域内水资源实行流域管理与行政区域管理相结合的管理体制，行政区域管理应当服从流域管理。"因为新《水法》规定"水资源属于国家所有。国家对水资源实行流域管理与行政区域管理相结合的管理体制"，没有规定"行政区域管理应当服从流域管理"，《实施〈水法〉办法》也仅是在"自治区对水资源实行流域管理与行政区域管理相结合的管理体制"后面加了一句"加强流域水资源的统一管理和科学调度"。即使在之后的2011年11月1日起实行的《太湖流域管理条例》中也仍然规定："太湖流域实行流域管理与行政区域管理相结合的管理体制"，没有规定在太湖流域"行政区域管理应当服从流域管理"。因此《条例》规定在塔里木河流域"行政区域管理应当服从流域管理"是水资源管理体制上的重大突破。这是新疆维吾尔自治区人民政府落实2001年6月国务院在批准《塔里木河流域近期综合治理规划》关于"决定要建立权威、统一、高效的流域管理体制，实施流域水资源统一管理和调度，加强流域管理"的批复，并结合塔里木河流域管理的实际需要所做出的决定。

2）2005年版《条例》进一步明确了流域管理的机构设置、法律地位及职责。《条例》将塔里木河流域水利委员会与其常委会合并，明确塔管局是委员会的办事机构，同时也是自治区水行政主管部门派出的流域管理机构，受自治区水行政主管部门的行政领导。规定和加强了塔管局的工作任务，以使管理体制更符合流域管理的实际。

3）2005年版《条例》禁止流域内开荒。塔里木河流域无序开荒，势必要增加用水量，减少干流的水量，挤占生态水量，加剧用水紧张局面，造成流域生态环境的恶性循环。根据国务院、自治区有关"流域内经济发展要充分考虑水资源条件，积极稳妥地进行经济结构调整，不再扩大农田灌溉面积""干流禁止开荒"的明确规定，结合实际，在第八条规定："流域内严格控制非生态用水，增加生态用水。在塔里木河流域综合治理目标实现之前，流域内不再扩大灌溉面积。未经国务院和自治区人民政府批准，严禁任何单位和个人开荒。"

4）2005 年版《条例》强化了流域水资源管理。对于塔里木河流域水资源开发利用、节约保护等活动，《条例》强化了水资源的宏观管理。一是加强规划的管理，明确规定了规划编制的原则、权限、程序以及规划之间的衔接，确定了建设项目规划审查制度（第十五条、第十六条、第十七条、第十八条）；二是明确规定了工程建设和管理的权限，规定"塔里木河干流水工程和重要源流上的重要控制性水工程，由塔里木河流域管理局负责建设和管理；流域内其他水工程由建设单位负责管理，其运行应当接受塔管局的统一调度"（第十九条）；三是加强流域水量统一分配、调度管理及用水管理，规定了流域水量分配方案、旱情紧急情况下的水量调度预案、年度水量分配方案和调度计划、用水总量控制、取水许可限额管理等制度，明确了实施这些制度的原则、权限、程序和基本要求，如第二十条规定："塔里木河干流和重要源流的水量分配方案、旱情紧急情况下的水量调度预案，由塔里木河流域管理局会同流域内各州（地）、兵团各师编制，自治区水行政主管部门组织审查，经委员会审核同意后，报自治区人民政府审批。有关州、地、兵团师必须执行。"

5）2005 年版《条例》增加了水功能区划和排污口的审查制度。《条例》增加了水功能区划的拟定审核审批制度（第二十六条）和在塔里木河干流源流新建、改建或者扩大排污口的审查审批制度（第二十七条）。

6）2005 年版《条例》增加了对部分违法行为的处罚规定。《条例》增加了对部分违法行为的处罚规定。第三十三条规定：对于流域内各州、地、兵团、各师在塔里木河干流和重要源流，超出年度水量分配方案和调度计划取用水的，塔里木河流域管理局可以采取关闭取水口门的措施。第三十四条规定：对于拒不执行水量分配方案和旱情紧急情况下水量调度预案的、不按照水量分配方案分配水量的、拒不服从水量统一调度的、违反规定在流域内批准开荒或者围垦河道的，由上一级人民政府、有关主管部门或者单位对负有责任的主管人员和其他直接责任人员给予行政处分。第三十五条规定了塔里木河流域管理局、各级水行政主管部门、流域管理机构及其工作人员违法时应当承担的法律责任。

（4）修订 2005 年版《条例》的必要性。

2005 年版《条例》对加强塔里木河流域水资源管理、保证综合项目顺利实施、遏制生态环境恶化发挥了十分重要的作用。但是随着流域内经济社会的快速发展，用水矛盾日益突出：一是非法开荒严重，灌溉面积大幅增加，使得流域用水量剧增，超出了流域水资源承载能力；二是沿河打井开采地下水过度，导致河道水量损耗大幅增加；三是水能资源开发管理滞后，电站发电泄水与流域水量统一调度矛盾加剧；四是在河（湖）周边人工育苇面积增加较快，既未办理取水许可、缴纳水资源费，又阻碍入河水道，影响行洪安全。特别是2011年新疆维吾尔自治区第十一届人民政府第19次常务会议做出决定，将塔里木河流域主要源流管理机构整建制移交塔里木河流域管理局，建立塔里木河流域水资源管理新体制。为适应这一新体制的需要，有必要对2005年版《条例》进行再次修订。

（5）2014年版《条例》的主要修订内容。

2014年版《条例》修订的主要指导思想是：以强化流域水资源统一管理为主线，以流域内水资源实行流域管理与行政区域管理相结合、行政区域管理服从流域管理的管理体制为基础，以实行最严格水资源管理制度为核心，依据自治区关于塔里木河流域水资源管理体制改革的决定和四源流管理机构移交工作的批复文件精神，明确了不同性质、级别水管理部门的事权，重点对水资源配置、地下水管理、禁止开荒、水量调度、河道管理等内容进行了修订完善。主要修订内容包括：

1）增加了实行最严格水资源管理制度的相关规定。按照国务院实行最严格水资源管理制度的要求和水资源的流域特性，落实国务院给新疆确定的水资源管理"三条红线"控制指标，坚持职能、责任、权利对等，必须强化流域水资源严格管理。一是明确规定塔里木河流域水资源管理实行用水总量控制、用水效率控制、水功能区限制纳污及水资源管理责任考核制度（修订后的第六条）；二是增加流域机构和水行政主管部门审批取水许可的限制要求、规划水资源论证制度、超定额和计划用水累进加价制度，落实用水总量控制制度（修订后的第二十九条至第三十一条）；三是增加水域纳污能力的核定程序、水功能区水质监测以及入河排污口审批的规定，落实水功能区限制纳污制度（修订后的第三十三条至第三十五条）。

2）增加流域管理体制改革决定。按照塔管局对四个主要源流实行直接管理、源流各地（州）、兵团师只负责用水总量内配水管理的水资源统一管理原则，修订草案相应对规划、工程建设、河道、防洪和水土保持管理等条款进行了修改完善；并在不增设行政审批事项的前提下，水利厅将水工程规划同意书等行政许可和审批事项下放至塔管局，还对办理程序进行了规范（修订后的第十六条至第十八条、第三十六条至第四十条），并明确了塔管局的职责范围：①负责管辖范围内的水行政执法、水政监察和水事纠纷调处工作；②组织编制塔里木河流域综合规划和专业规划并监督实施；③负责塔里木河流域水资源统一管理，统筹协调塔里木河流域用水，实施取用水总量控制；④负责塔里木河流域水资源保护工作；⑤负责管辖范围内的河道管理；⑥组织编制塔里木河流域防洪方案；⑦研究提出直管工程的水价以及其他有关收费项目的立项、调整建议方案；⑧负责开展塔里木河流域水利科技、统计和信息化建设工作；⑨承担塔里木河流域水利委员会（简称塔委会）、执行委员会（简称执委会）和自治区水行政主管部门交办的其他工作。

3）增加制定解决突出问题的条款。一是鉴于近年来人工育苇面积增长过快，造成流域年耗水量剧增的情况，规定对人工育苇用水应当办理取水许可证，征收水资源费（修订后的第二十九条），并且规定人工育苇不得采用筑坝蓄水的方式，不得人为截断水道和引流扬水（修订后的第三十七条第二款）；二是通过从严控制沿河凿井，防止河道水量损耗（修订后的第十九条）；三是从严控制开垦荒地，杜绝非法开荒，并相应增加法律责任，将流域水资源使用控制在可承受能力范围之内（修订后的第九条和第四十三条）；四是水量调度是确保流域生态用水的关键措施，修订草案新增了水量分配方案和水量调度计划的编制、修改、执行以及调度方式等方面的条款（修订后的第二十一条至第二十六条），同时对破坏水量调度管理秩序的违法行为设定了法律责任（修订后的第四十四条、第四十五条、第四十七条）；五是规定在旱情紧急情况下，塔管局经新疆维吾尔自治区防汛抗旱总指挥部同意后，可以组织实施应急水量调度，以提高行政效能（修订后的第二十七条、第二十八条）。

2.1.3 《新疆维吾尔自治区塔里木河流域水利委员会章程》

1999 年 4 月 6 日，新疆维吾尔自治区人民政府颁布并实施了《新疆维吾尔自治区塔里木河流域水利委员会章程》（新政办〔1999〕32 号），包括总则、委员会常委会（执委会执委办）、塔管局、委员单位、运作方式、附则，共六章三十五条。

明确了塔里木河流域水利委员会的性质：塔委会是自治区人民政府设立的负责统一监督管理塔里木河流域水资源的机构，对自治区人民政府负责。

明确了塔里木河流域水利委员会的管辖和实施范围是塔里木河流域：主要包括塔里木河干流（肖夹克至台特马湖 1321km 区段）和源流（和田河流域、叶尔羌河流域、喀什噶尔河流域、阿克苏河流域、渭干河流域、开都河-孔雀河流域）区域。

明确了委员会的组成及主要职责：委员由自治区人民政府秘书长和计划、财政、水利、环境保护、土地管理、物价等行政主管部门负责人，克孜勒苏柯尔克孜自治州、巴音郭楞蒙古自治州政府以及和田地区、喀什地区、阿克苏地区行政公署的行政首长，兵团水利局、农一师、农二师、农三师、和田农场管理局师（局）长，塔管局局长组成。

执委会委员由环境保护、土地管理、物价等部门主管领导，各地（州）主管水利的行政领导、兵团有关师（局）主管水利的领导组成。

明确了塔管局的性质：塔管局是委员会的行政、技术职能机构，同时作为自治区水行政主管部门的派出机构，受自治区人民政府水行政主管部门的行政领导，负责塔里木河流域水资源的开发、利用、保护和管理，行使河道管理、水工程管理、用水管理、水土保持管理等水行政管理职权。

明确了委员单位的职责：自治区有关行政主管部门根据各自的主管业务履行对委员会的职责。

明确了运作方式：执委会每年召开一次有关水资源管理方面的座谈会。执委会通过执委办，保持上下联系，沟通信息，汇报工作。执委办应加强与自治区有关部门和各地（州）、兵团各师（局）的联系，及时反映水资源统一管理的情况，协调解决水资源统一管理的问题，检查监督塔管局工作。

2.1.4　《国务院关于〈塔里木河流域近期综合治理规划报告〉的批复》

2001 年 6 月 27 日，国务院以"国函〔2001〕74 号"的形式，批复了新疆维吾尔自治区人民政府和水利部报送的《关于报送〈塔里木河流域近期综合治理规划报告〉的请示》（水资源〔2001〕157 号）。在这个批复中，国务院要求如下。

（1）原则同意《塔里木河流域近期综合治理规划报告》。

（2）实施塔里木河流域综合治理，要坚持以生态系统建设和保护为根本，以水资源合理配置为核心，源流与干流统筹考虑，工程措施与非工程措施紧密结合，生态建设与经济发展相协调，科学安排生活、生产和生态用水。

（3）加强流域水资源统一管理和科学调度是塔里木河流域近期综合治理的关键。要建立健全流域管理与区域管理相结合的管理体制，明确事权划分。制定流域水量分配方案由塔里木河流域水利委员会负责；水量和重要工程的统一调度、管理和建设由塔里木河流域管理局负责；实行区域用水总量控制行政首长负责制，流域各地（州）和兵团师负责各自管辖区内的用配水管理，确保规划确定的各源流汇入干流的水量。要充分运用经济杠杆，促进节约用水。合理核定塔里木河流域不同行业的供水水价，大力推行定额水价制度，对定额内用水实行基本水价，对超定额用水实行累进加价制度。

（4）流域内经济发展要充分考虑水资源条件，积极稳妥地进行经济结构调整。不再扩大农田灌溉面积，2005 年以前塔里木河干流要完成 33 万亩农田退耕自然封育任务；积极调整作物种植结构，大力压缩水稻等高耗水作物面积。流域内城市和工业发展要贯彻"节水优先、治污为本"的原则，严格控制兴建耗水量大和污染严重的建设项目。

（5）加快塔里木河流域综合治理，恢复塔里木河下游绿色走廊，对于实现新疆经济和社会可持续发展，造福各族人民，巩固西北边防，具有十分重要的意义，是实施西部大开发战略的重点工程。新疆维吾尔自治区人民政府、国务院各有关部门和单位要加强领导，密切配合，保障投入，确保完成规划确定的各项目标任务，逐步恢复塔里木河下游生态系统。

2.1.5 《塔里木河工程与非工程措施五年实施方案》

《塔里木河工程与非工程措施五年实施方案》于 2002 年 9 月由水利部审查通过。

2003 年 4 月，水利部以水规计〔2003〕596 号文《关于报送〈塔里木河工程与非工程措施五年实施方案〉及审查意见的函》，将《塔里木河工程与非工程措施五年实施方案》上报国家发改委。

该实施方案明确规定了各源流区各用水单元的基准年耗水量和下泄量。

2.1.6 《塔里木河流域"四源一干"地表水水量分配方案》

新疆维吾尔自治区人民政府于 2003 年 12 月 3 日颁布了《塔里木河流域"四源一干"地表水水量分配方案》（新政函〔2003〕203 号），该分配方案中规定了各源流的来水控制断面和下泄水控制断面。

规定了塔里木河流域近期综合治理工程建设完成后，各源流区各用水单位不同来水频率情况下的水权耗水量：①当阿克苏河流域来水频率 $P＝50％$ 年份（80.59 亿 m^3）时，阿克苏地区区间耗水量为 25.35 亿 m^3，农一师耗水量为 21.05 亿 m^3，克州阿合奇县区间耗水量为 1.72 亿 m^3；②当叶尔羌河流域来水频率 $P＝50％$ 年份（72.79 亿 m^3）时，喀什地区区间耗水量为 52.57 亿 m^3，农三师区间耗水量为 11.97 亿 m^3；③当和田河流域来水频率 $P＝50％$ 年份（42.7 亿 m^3）时，和田地区原面积耗水量为 19.6 亿 m^3，农十四师原面积耗水量为 0.37 亿 m^3，和田河流域待发展面积耗水量为 4.19 亿 m^3；④开都河-孔雀河流域在 66 分水闸节点处向塔河干流下游供水 4.5 亿 m^3，不随来水变化，其中无偿增加生态供水 2 亿 m^3。

规定了不同来水情况下干流各用水单元的水权量值。即当阿拉尔来水 46.5 亿 m^3 时，上游生活、生产用水 4.06 亿 m^3，生态用水 16.04 亿 m^3；中游生活、生产用水 4.7 亿 m^3，生态用水 16.65 亿 m^3；下游生活、生产用水 4.55 亿 m^3，生态用水 1.5 亿 m^3，大西海子下泄 3.5 亿 m^3。

明确规定了塔河近期综合治理工程建设完成之前，各源流区及干流年度调度指标的确定原则：以 $P＝50％$ 来水情况下区间水权耗水量为目标，根据工程项目年度投资比例、工程实施进度和效益发挥情况以及非工程措施的落实情况，确定年度调度指标。

2.1.7 《塔里木河流域水量统一调度管理办法》

新疆维吾尔自治区人民政府办公厅于 2002 年 6 月 20 日印发了《塔里木河流域水量统一调度管理办法》（新政办发〔2002〕96 号）。

规定塔里木河流域水量实行统一调度、总量控制、分级管理、分级负责。统一调度管理工作由塔里木河流域管理局负责。在分配用水总量限额内，流域各地（州）、兵团师负责区域水资源的统一调配和管理，并实行行政首长负责制。

明确塔里木河流域水量调度依据是《塔里木河流域"四源一干"地表水量分配方案》。

明确流域各地（州）、兵团师年度用水量以河段区间耗水量和断面下泄水量两项指标进行控制。

明确流域各地（州）、兵团师年度用水量实行按比例丰增枯减的调度原则，即根据不同的来水保证率条件下源流和干流的年度来水量，确定流域各地州及兵团师的年度用水量。

明确了调度权限：塔管局负责对流域各地州及兵团师的河段区间耗水量及来水断面和泄水断面的水量进行调度。

明确了当塔里木河流域或某源流、干流的来水或用水出现特殊情况时的统一调度办法。

规定了用水申报、用水审批的程序。

规定由塔管局负责对用水进行监督检查。自治区水文局依照水文行业规范，负责流域水量调度控制断面的水量监测、监督管理工作。

规定了对不执行调度计划，超指标引水的处罚办法。

2.1.8 《新疆维吾尔自治区政府关于将"四源流"管理机构整建制移交塔管局的决定》

2011 年 2 月 10 日，新疆维吾尔自治区第十一届人民政府第 19 次常务会议决定：将塔里木河流域四条主要源流管理机构整建制移交塔管局管理，建立塔里木河流域水资源统一管理新体制。即将阿克苏河流域管理局、和田河流域管理局、巴音郭楞蒙古自治州水利管理处、叶尔羌河流域管理局整建制（包括河道水工程）移交塔管局统一管理。新成立的四源流管理机构代表塔管局在所在流域依法行使对水资源统一管理、流域综合治理和监督管理等职能，对源流水资源和河流上的提引水工程等实行直接管理。源流各地州、兵团师不再对源流水资源及河流上的提引水工程实行直接管理，仅负责用水总量内的用水管理，并接受流域机构的业务指导。

2011 年 8 月 4 日—9 月 20 日，自治区人民政府陆续批复了阿克苏地区阿克苏河流域管理局（新政函〔2011〕190 号）、和田地区和田河流域管理局（新政函〔2011〕191 号）、巴音郭楞蒙古自治州水利管理处（新政函〔2011〕212 号）、喀什地区叶尔羌河流域管理局（新政函〔2011〕271 号）的移交工作。到 2011 年底，四源流管理机构移交工作基本完成。

2.1.9　其他法规文件

其他法规文件：《新疆维吾尔自治区实施〈水法〉办法》（1992 年 5 月 8 日新疆维吾尔自治区第七届人大第二十六次会议通过，2003 年 12 月 26 日新疆维吾尔自治区第十届人大第七次会议修订，简称《自治区实施〈水法〉办法》）、《塔里木河流域水资源管理联席会议制度》（新政函〔2010〕136 号）、《新疆维吾尔自治区地下水资源管理条例》（2002 年 8 月 1 日起施行，2004 年 11 月 26 日与 2017 年 5 月 27 两次修订）、新疆维吾尔自治区党委自治区人民政府《关于加快水利改革发展的意见》（新党发〔2011〕21 号）、水利部《关于水权转让的若干意见》（水政法〔2005〕11 号）与《水权交易管理暂行办法》（水政法〔2016〕156 号）等。

2.2　流域水资源管理法规的实施效果及有关问题

2.2.1　实施效果

（1）为遏制塔里木河流域生态环境的恶化，促进流域内经济和社会发展发挥了重要的作用。

《新疆维吾尔自治区塔里木河流域水资源管理条例》《新疆维吾尔自治区塔里木河流域水利委员会章程》《国务院关于〈塔里木河流域近期综合治理规划〉的批复》《塔里木河工程与非工程措施五年实施方案》《塔里木河流域"四源一干"地表水水量分配方案》《新疆维吾尔自治区第十一届人民政府第 19 次常务会议关于将"四源流"管理机构整建制移交塔里木河流域管理局的决定》等一系列法规文件的出台和修订，使塔里木河流域水资源管理法规体系从无到有，不断充实完善。这一系列法规文件使塔里木河流域水资源的开发利用和管理调度有法可依，为遏制塔里木河流域生态环境的恶化，维护塔里木河干流下游"绿色走廊"，促进流域内经济和社会发展发挥了重要的作用。

（2）依法设立了塔里木河流域水利委员会，并且每年签订年度用水目标责任书。制定的法规使流域水量分配方案有法可依。

依据《条例》，自治区在1998年8月设立了塔里木河流域水利委员会。委员会成立以来召开了多次会议，对流域综合治理等重大事项进行了及时、有效的决策。

正是有了《条例》以及国务院批复的《塔里木河流域近期综合治理规划报告》《塔里木河流域工程与非工程措施五年实施方案》《塔里木河流域"四源一干"地表水水量分配方案》等法规文件，才使塔里木河流域"四源一干"每年的水量分配方案在塔里木河流域水利委员会每年年初召开的会议上得以通过，并由委员会主任与流域各地（州）、兵团师领导签订年度用水目标责任书，核定年度用水限额，落实限额用水责任，严格考核和奖惩。

（3）水行政执法有法可依，执法水平不断提高。

塔里木河流域水资源管理的一系列法律规章，使水行政执法有法可依。通过执法实践，水行政执法水平和能力不断得到提高，查处了各类违反水法律法规的违法案件，调处了水事纠纷。对超限额用水、未完成下泄水指标的地（州）、兵团师等依法进行过多次处罚。

（4）法规的实施和宣传使流域内全社会依法取水节约水意识不断增强。

法规的颁布、宣传和实施，使流域内全社会依法节水意识不断增强。例如《条例》修订颁布后，通过召开新闻发布会，详细介绍修订出台的背景、目的、意义以及主要内容，在流域内引起了很大反响，形成了良好的舆论环境。流域内各地（州）水行政主管部门、兵团师各级水管机构充分利用"世界水日""中国水周""法制宣传日"等普法教育时机，通过报纸、电视、网络、举办文艺演出、散发宣传资料、悬挂横幅、出动宣传车等多种形式，广泛宣传。在全流域内营造依法治水、依法管水的社会氛围。

2.2.2 有关问题

（1）以地域为单元的区域管理观念仍然较深，流域管理仍需强化，特别要强化行政区域管理应当服从流域管理的观念。源流与干流、上游与下游、地方与兵团、生产与生态的用水关系的协调仍然有难度，流域水资源统一调度、合理配置需要加强。

（2）与《条例》配套的法规、规章、规范性文件建设仍需要完善，如源流管理制度、取水许可制度、水政监察制度等。

（3）行政协调、行政强制等行政命令手段运用较多，而依法处罚等手段运用较少。

（4）存在着执法难和执法不严的问题。

2.3 塔里木河流域水资源管理及
统一调度法规体系完善建议

2.3.1 对现有的流域法规进行必要的修订

根据国家对水利改革发展的新要求和塔里木河流域管理体制变革情况，对《塔里木河流域水量统一调度管理办法》（简称《管理办法》）等现有的流域法规进行必要的修订。

（1）《管理办法》是 2002 年发布的，随着流域社会经济的发展和十年来的实际调度，发现了一些问题，例如一些水库和电站管理部门不服从水量调度，因此需要在《管理办法》中增加对于不服从水量调度行为处罚力度的条款。

（2）原调度管理办法中只规定塔里木河干流河道的水量调度工作由塔管局直接负责，但是塔里木河流域管理体制变革后，塔里木河流域管理局的调度管理范围扩大了，增加了对重要源流的管理，因此《管理办法》中的一些条款需要修改，例如第十一条"塔里木河干流河道的水量调度工作由塔管局直接负责"，应改为"塔里木河重要源流和干流河道的水量调度工作由塔管局直接负责"等。

（3）由于在《条例》（2005 年版）中，将塔里木河流域水利委员会与常委会合并，明确塔里木河流域管理局是委员会的办事机构，因此已经没有塔委会常委会了。在《管理办法》的第十七条、第十八条、第十九条、第二十二条和第三十条中提到的塔委会常委会应该修改成塔里木河流域水利委员会。

（4）随着塔里木河流域管理新体制的建立，在水量调度过程中许多问题发生了根本性的改变，如调度权限、用水申报等，需要在《管理办法》中体现。

（5）考虑到超限额用水、挤占生态水的事件时有发生，所以需进一步规范流域内用水秩序。

（6）原管理办法中对有关用水单位或者水库管理单位在水量调度方面违规行为的处理力度较弱，可操作性差。

2.3.2 制定有关配套的规章制度及实施细则

2.3.2.1 制定《塔里木河流域生态水量占用补偿费征收管理办法》

（1）制定的依据。包括《水法》、《中共中央 国务院关于加快水利改革发展的决定》(中发〔2011〕1号)、《国务院关于实行最严格水资源管理制度的意见》(国发〔2012〕3号)、《中华人民共和国环境保护法》、《国务院关于落实科学发展观加强环境保护的决定》、《条例》、《塔里木河流域"四源一干"地表水水量分配方案》以及每年度塔里木河流域"四源一干"地表水水量分配方案及年度用水目标责任书等相关法规、文件规定。

另外,党的十八大报告《坚定不移沿着中国特色社会主义道路前进 为全面建成小康社会而奋斗》的第八条第(四)点要求:建立反映市场供求和资源稀缺程度、体现生态价值和代际补偿的资源有偿使用制度和生态补偿制度。健全生态环境保护责任追究制度和环境损害赔偿制度。

《中共新疆维吾尔自治区党委、新疆维吾尔自治区人民政府关于加快水利改革发展的意见》(新党发〔2011〕21号)第二条中的 第(八)点要求:建立流域生态水量占用补偿机制,对流域内用水单位挤占生态水,实施强制性高额补偿制度。

(2)明确适用范围。塔里木河流域重要源流区和干流区,与自治区人民政府签订年度用水目标责任书的流域各州、地、兵团师,以及与塔里木河流域管理局签订年度用水目标责任书的县(市)、团场和其他用水单位。

(3)明确生态水量占用。是指塔里木河流域内用水户超出限额用水总量,抢占挤占塔里木河流域生态水量的行为。

(4)明确生态水量占用补偿原则。谁破坏谁治理、谁占用谁补偿。

(5)明确补偿标准。这个标准应该能够起到使占用者得不偿失的作用,例如:超限额10%以内的部分按其当地水价的3倍缴纳生态水量占用补偿费;超限额10%～20%的部分按其当地水价的6倍缴纳生态水量占用补偿费;超限额20%以上的部分按其当地水价的10倍缴纳生态水量占用补偿费。

(6)规定补偿程序。塔管局每年年底根据流域各地(州)、兵团师与自治区人民政府签订的年度用水目标责任书和有关县(市)、团场和其他用水单位与塔管局签订的年度用水目标责任书中确定的用水限额,以及实际用水量,核算流域各地(州)兵团师和其他用水单位超出的取用水量及应缴纳的生态水量占用补偿费数额,经塔里木河流域水利委员会审查,报自治区人民政府批准。塔管局据此向有关流域州、地、兵团师和其他用水单位下发缴纳通知,并进行收缴。

(7)规定对于拒不缴纳、拖延缴纳或者拖欠的处理办法。

(8)明确塔里木河流域生态水量占用补偿费的使用办法,主要用于流域内的生态保护、水资源保护等。

2.3.2.2 制定《塔里木河流域"电调服从水调"执行规定》

(1)必要性。在塔里木河流域,由企业开发建设、管理的山区控制性水库未纳入流域水量统一调度管理，水库蓄水发电与水量统一调度不相协调，导致水量统一调度指令不能执行到位，阻碍了塔里木河流域水量统一调度的实施。因此需要制定"电调服从水调"的规章制度。

（2）依据。《国务院关于实行最严格水资源管理制度的意见》（国发〔2012〕3号）第九条规定：强化水资源统一调度。水力发电等调度应当服从流域水资源统一调度。水资源调度方案、应急调度预案和调度计划一经批准，有关地方人民政府和部门等必须服从；《中共新疆维吾尔自治区党委、新疆维吾尔自治区人民政府关于加快水利改革发展的意见》（新党发〔2011〕21号）第二条规定：按照'电调服从水调'原则，对流域内水电企业实行统一管理调度，确保区域防洪、生态、供水和灌溉；《新疆维吾尔自治区塔里木河流域水资源管理条例》（2014年版）第二十一条要求：流域内利用水能资源建设发电项目的，应当与防洪、供水、灌溉、生态和环境保护等统筹协调。发电企业应当按照'电调服从水调'的原则，合理安排发电计划，确保防洪、供水、灌溉和生态安全；建设单位应当建立水量调度管理系统，接受流域管理机构或者水行政主管部门的水资源统一调度和管理；第二十六条要求：塔里木河干流和主要源流的水量调度，按照总量控制、定额管理、滚动修正的原则，实行年计划与月、旬调度计划和实时调度指令相结合的方式。流域内各用水单位和个人及有关水行政主管部门或者流域管理机构，应当服从塔管局对水量的统一调度，并做好相关工作。

（3）原则。塔里木河流域水力发电站的调度应当服从塔里木河流域水资源的统一调度，实行"电调服从水调"。

（4）具体操作程序。在塔里木河流域局设立"塔里木河流域水调中心"，具体制定水资源调度方案、应急调度方案。调度方案和有关水力发电站调协后，报塔里木河流域水利委员会（如果成立"自治区水调中心"，则向"自治区水调中心"上报。"自治区水调中心"成立的理由见文后第3章3.3.4）批准，一经批准，有关水力发电站必须执行。

（5）制定关于"电调不服从水调"的处罚条款。流域内有关水电站不服从水量调度的，塔管局责令改正；拒不改正的，采取强制调度措施，并处两万元以上十万元以下罚款。

2.3.2.3　制定《塔里木河流域地下水管理办法》

（1）必要性。目前塔里木河流域地下水管理实行的是"行政区域管理"，结果造成一些地方水行政主管部门对地下水开发利用审批监督不严格，过量开采地下水，特别是塔里木河沿岸违规打井现象更是严重，已经对流域地下水平衡和生态环境产生了严重影响。因此，制定《塔里木河流域地下水管理办法》

非常必要。

(2) 依据。

1)《中共中央国务院关于加快水利改革发展的决定》(中发〔2011〕1 号)第十九条规定:严格地下水管理和保护,尽快核定并公布禁采和限采范围,逐步削减地下水超采量,实现采补平衡。

2)《国务院关于实行最严格水资源管理制度的意见》(国发〔2012〕3 号)第八条规定:严格地下水管理和保护。加强地下水动态监测,实行地下水取用水总量控制和水位控制。

3)《新疆维吾尔自治区塔里木河流域水资源管理条例》(2014 年版)第二条规定:塔里木河流域水资源,包括地表水和地下水;第五条第三款、第七款与第八款规定:源流与干流、上、中、下游、左岸与右岸、地表水与地下水之间统筹兼顾,协调发展;有关水行政主管部门或者流域管理机构批准的地表水和地下水取用水总量,不得超过自治区人民政府下达的取用水总量控制指标;地表水和地下水取用水总量已超过用水总量控制限额和规划灌溉面积的区域,各地(州)、兵团师应当制定退地减水方案及调整用水结构方案,责任到人,限期落实,由有关水行政主管部门或者流域管理机构负责监督实施;第十九条规定:流域内取用地下水资源,应当经过充分论证,实行地下水开采总量和地下水位双控制。地下水开采总量纳入用水总量控制指标。

(3) 明确"流域内水资源实行流域管理与行政区域管理,行政区域管理应当服从流域管理"的具体内容。在"重要源流、塔里木河干流河道管理范围内,以及管理范围以外 1km 以内"取用地下水的,由塔里木河流域管理局统一管理,其取水许可申请由塔里木河流域管理局审批,报自治区水行政主管部门备案。在其他范围取用地下水的,由有关州、地、县(市)水行政主管部门负责管理,取水许可申请应当征求塔里木河流域管理局同意,塔里木河流域管理局出具同意意见后,报有管辖权限的水行政主管部门审批。

(4) 明确由塔管局组织编制流域地下水开发利用和保护规划,按照国家和自治区规定的技术标准划定地下水宜采区、限采区、超采区和禁采区。逐步削减地下水超采量,实现采补平衡。

(5) 规定要加强地下水动态监测,实行地下水取用水总量控制和水位控制。

(6) 明确对塔里木河流域地下水实行严格的取水许可制度,规定对于违规打井现象的处罚条款。

2.3.2.4 制定《塔里木河流域水量监测计量管理办法》

(1) 目的。①为了满足塔里木河流域水资源统一调度、用水总量控制、未来建立塔里木河流域水权转让市场的需要,需要规划建设塔里木河流域水量监测计量系统。该系统是流域水利科技、统计和信息化建设的重要组成部分；②为了规范对塔里木河流域水资源的监测和计量，提高对水资源的监测、计量的准确性和科学性。

（2）依据。《中华人民共和国标准化法》（中华人民共和国主席令第十一号）、《中华人民共和国计量法》（中华人民共和国主席令第二十八号）、《中华人民共和国水文条例》（国务院令 496 号）、《条例》等。

（3）建议在塔里木河流域管理局设立塔里木河流域水量监测计量中心，具体负责监测站点的规划、设备采购维护、监测计量、监测数据的汇总、分析统计、检验校核、向外发布等工作。

（4）监测站点的规划。根据国家和行业的规范，结合塔里木河流域的实际需要，进行水文、水量监测站点的规划布置。

（5）明确管理职责。严格按照行业规范进行监测计量，并对设备进行日常检查维护、校检。

（6）明确责任管理制度。对于发生任意上报水量监测计量数据、不按要求监测导致明显错误等行为，将追究相关人员的责任。

2.3.2.5 制定《塔里木河流域水权转让管理办法》

（1）目的。为了优化配置和高效利用塔里木河流域水资源，规范塔里木河流域水权转让行为。

（2）依据。党的十八大报告《坚定不移沿着中国特色社会主义道路前进为全面建成小康社会而奋斗》的第八条第（四）点要求：建立反映市场供求和资源稀缺程度、体现生态价值和代际补偿的资源有偿使用制度。积极开展水权转让试点；《中共中央国务院关于加快水利改革发展的决定》（中发〔2011〕1号）中的第十九条要求：建立和完善国家水权制度，充分运用市场机制优化配置水资源；《国务院关于实行最严格水资源管理制度的意见》（国发〔2012〕3号）第五条要求：建立健全水权制度，积极培育水市场，鼓励开展水权交易，运用市场机制合理配置水资源；《取水许可和水资源费征收管理条例》（国务院令 460 号）、水利部《关于水权转让的若干意见》（水政法〔2005〕11号）与《水权交易管理暂行办法》（水政法〔2016〕156号）也均作了相关要求等。

（3）明确初始水权。水权是指在水资源属国家所有的前提下，用水单位或个人获得的水使用权，塔里木河流域的初始水权是在《塔里木河流域"四源一干"地表水水量分配方案》基础上确定的。

（4）明确对水资源实行取水许可制度和有偿使用制度。直接取用塔里木河流域地表水和地下水的用水单位或个人，依法向具有管辖权的主管部门申请取水许可证，并缴纳水资源费，获得水使用权。

（5）明确农村集体经济组织修建、管理的水库、水塘，该农村集体经济组织拥有初始水权。

（6）明确任何单位和个人依法取得的水使用权受法律保护，并可依法进行转让。

（7）明确水权转让含义。是指拥有初始水权的单位或个人向其他用水人让渡水使用权的一种行为。

（8）明确水权转让应遵循的原则。①在初始水权明晰的基础上进行的原则；②保障社会稳定和生态安全的原则；③坚持政府预留水量的原则等。

（9）明确不得进行水权转让的情况。①人的基本生活需求水量不得转让；②对生态环境分配的水权不得进行转让；③地下水限采区的地下水用水人不得进行水权转让；④对公共利益或第三者利益可能造成重大影响的水权不得转让；⑤不得向国家限制发展产业的用水人进行水权转让等。

（10）明确水权转让出让方必须是拥有初始水权并在一定期限内有节余水量，或者通过节水措施取得节余水量的用水单位或个人。

（11）明确水权转让的程序。

第3章

塔里木河流域统一调度体制保障研究

尽管"四源流"管理机构已于2011年"整建制"移交塔管局，但目前塔河流域水资源统一调度仍面临"地表水、地下水分割管理""水调与电调矛盾日益突出""区域管理如何服从流域管理"等问题，亟待进一步解决。本章探讨了水资源统一调度管理体制不顺的原因，针对流域水资源统一管理提出了保障措施建议。

3.1 流域水资源管理体制的演变

塔里木河流域水资源管理体制经历了三个阶段的演变过程：第一阶段是1992年以前的"行政区域管理"阶段；第二阶段是1992—2010年"流域管理与行政区域管理相结合，以区域管理为主"的阶段；第三阶段是2011年至今"流域管理与行政区域管理相结合，区域管理服从流域管理"的阶段。

3.1.1 "行政区域管理"阶段

长期以来，塔里木河流域水资源以地域为单元实行区域管理，分属5个地（州）和4个兵团师管理，具体由其水行政主管部门或水利管理部门负责组织实施。为了进一步加强本区域的水资源管理，在20世纪50年代，5个地（州）相继成立了各自的源流流域管理机构，统管管辖范围内的水资源与水利工程等。这样就人为造成了水管理的分割，导致塔里木河流域水资源管理政出多门，分而管之，一些区域水资源管理者过分注重区域利益最大化，忽视全流域的整体利益，无序开发利用流域水资源，造成流域水资源的不合理开发、不合理配置、低效利用和人为浪费，使得塔里木河源流进入干流的水量不断减少，下游生态环境不断恶化。1972年以来，塔里木河尾闾台特玛湖干涸，大西海子以下363km的河道长期断流，地下水位不断下降，两岸胡杨林大片死亡，两大沙漠呈合拢态势，具有战略意义的下游绿色走廊濒临毁灭。

3.1.2 "流域管理与行政区域管理相结合，以区域管理为主"阶段

为改变长期以来塔里木河流域形成的各自为政、各取所需的区域管理状况，合理配置流域水资源，挽救劣变的生态环境，自治区人民政府于1992年

1月8日，成立了新疆塔里木河流域管理局，赋予其对塔里木河干流水资源的统一管理权和源流水量与水质的监督职责，使塔里木河由区域管理向流域管理迈出了关键的一步。

1997年，自治区颁布了《新疆维吾尔自治区塔里木河流域水资源管理条例》，这是我国第一部地方性流域水资源管理法规，它以立法的形式确立了塔河流域"实行统一管理与分级管理相结合的制度"。1998年，自治区成立了塔里木河流域水利委员会。2005年，依据新《水法》，同时结合塔河流域的实际，自治区修订了《条例》，规定"流域内水资源实行流域管理与区域管理相结合的水资源管理体制，区域管理应当服从流域管理"，在流域水资源管理体制上取得了重大突破。

多年来，塔里木河流域管理局全力以赴实施塔里木河流域综合治理，加强流域水资源统一管理和调度，取得了阶段性的成果，生态效益、经济效益、社会效益初步显现。

但由于长期存在的强势区域管理体制以及流域管理与区域管理事权划分不明，源流的各地（州）、兵团师实际上既是源流水资源的管理者，又是水资源的使用者，加上塔里木河流域管理局不具有重要控制性工程的监控权，因此在遇到地方利益、局部利益与整体利益有冲突时，水资源统一管理调度的指令根本得不到保证，统一管理也就成了一纸空谈，使得修订后的《条例》规定的"区域管理应当服从流域管理"得不到充分落实，违反自治区批准的水量分配方案、不执行水调指令抢占挤占生态水、不按塔河近期治理规划确定的输水目标向塔河输水、不按规划要求无序扩大灌溉面积增加用水的现象时有发生，区域管理仍处于绝对强势地位。

3.1.3 "流域管理与行政区域管理相结合，区域管理服从流域管理"阶段

为全面落实《新疆维吾尔自治区塔里木河流域水资源管理条例》，适应国家水利改革发展新形势，2011年2月10日，自治区第十一届人民政府第19次常务会议做出决定，将塔里木河流域主要源流管理机构整建制移交塔管局，建立塔里木河流域水资源管理新体制。即整合兼并塔河流域源流管理机构，将四个源流流域管理机构整建制（包括河道水工程）移交塔里木河流域管理局统一管理，对源流水资源和河流上的提引水工程等实行直接管理。源流各地（州）、兵团师负责用水总量内的配水管理，并接受流域机构的业务指导，不再对源流水资源及河流上的提引水工程实行直接管理。四源流流域管理机构于2011年10月全部移交塔管局，分别命名为塔里木河流域和田管理局、塔里木河流域喀什管理局、塔里木河流域阿克苏管理局、塔里木河流域巴音郭楞管理局。

根据自治区对移交工作的批复精神，四源流管理机构移交塔管局后，管辖范围由原来的部分河段扩展为全河，由部分河流扩展为全流域，管理职权由原来主要负责灌区供水管理转变为在其管辖范围依法行使水资源统一管理职能，即组织编制或预审流域综合规划及专业规划，行使水资源评价、取水许可审批、取水许可证发放、水资源费征收、水量调度管理、河道管理、水政执法、水土保持监督管理、水利工程管理和水费征收、地表地下水水质监测等职权。流域各地（州）、兵团师在经批准的用水总量内，负责制定县团级水量分配方案和月（旬）用水计划，报自治区水行政主管部门或流域管理机构批准后，由塔管局所属的流域管理机构供水。至此，"流域管理与行政区域管理相结合，区域管理服从流域管理"的新体制基本建立。

新体制的建立，解决了流域管理与区域管理事权划分不明、流域管理机构对水资源的管理有责无权等问题，打破了原有的以行政区域管理为主的"小流域"管理体制，把《条例》中关于"流域管理与区域管理相结合、区域管理服从流域管理"的规定真正落到了实处。

新体制在 2011 年发挥了显著成效：一是源流下泄干流水量和塔里木河干流各断面来水量明显增加；二是首次成功实现塔里木河干流连续 17 个月不断流；三是成功实施向塔里木河下游生态输水，输水量居历史之最；四是按计划保证了灌溉用水，并为去冬今春灌溉储备了充足水源。

随着塔里木河流域各种新机制的逐步建立，新体制将在流域水资源统一管理、合理配置、高效利用中发挥越来越重要的作用。

3.2　流域水资源调度体制运作情况

3.2.1　组织机构

根据《条例》，自治区人民政府设立了塔里木河流域水利委员会塔里木河流域水资源管理组织机构如图 3.1 所示。

塔里木河流域水利委员会由自治区人民政府及其有关行政主管部门、新疆生产建设兵团、流域内各地（州）、兵团各师负责人组成，邀请国家有关部委领导参加。

塔里木河流域水利委员会下设执行委员会，执行委员会是委员会的执行机构。执行委员会下设办公室，办公室设在自治区水行政主管部门，负责处理执行委员会的日常工作。

塔管局是塔里木河流域水利委员会的办事机构，同时也是自治区水行政主管部门派出的流域管理机构，受自治区水行政主管部门的行政领导。

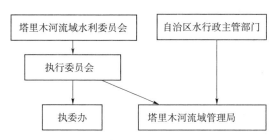

图 3.1　塔里木河流域水资源管理组织机构

3.2.2　体制运作方式（决策、执行、协调和监督）

塔里木河流域水利委员会负责研究决策塔里木河流域综合治理的有关重大问题，对塔管局、流域内各地（州）、兵团各师贯彻委员会决议、决定情况进行协调和监督。

委员会以会议的方式行使决策职权。委员会每年至少召开两次会议。委员会做出的决议、决定，应当由应到会人员过半数通过。会议的决议、决定应当及时通知流域内各地（州）、兵团各师。

执行委员会在委员会闭会期间代表委员会行使职权，负责监督和保证委员会决议、决定的贯彻执行，并在委员会授权范围内制定政策、做出决定。

塔管局在委员会及其执行委员会领导下，对塔里木河干流和自治区水行政主管部门确定的塔里木河流域重要源流行使流域水资源管理、流域综合治理和监督职能。在塔里木河流域水资源统一调度方面的主要工作任务是：①编制流域水量分配方案、旱情紧急情况下的水量调度预案和年度水量调度计划，并负责进行流域水量实时调度，组织实施向下游输水应急措施；②负责流域内的水行政执法监督检查工作，协调处理水事纠纷；③承担委员会、执行委员会和自治区水行政主管部门交办的其他工作。

3.2.3　经费保障

塔里木河流域水利委员会、执行委员会开展工作所需行政经费列入自治区财政预算。

3.2.4　体制运作情况

塔里木河流域水利委员会成立至 2011 年共召开了 16 次会议，对流域综合治理等重大事项进行了及时、有效的决策。

1998 年 8 月，召开了塔里木河流域水利委员会第一次会议，会议主要审议通过了《新疆维吾尔自治区塔里木河流域水利委员会章程》及《塔里木河流域水利委员会五年行动计划》，明确了塔里木河流域委员会的工作内容与方向。

1999 年在塔里木河流域水利委员会第二次会议上，批准了《塔里木河流域各用水单位年度用水总量定额》，初步确立了流域水量分配体系。

2000 年自治区在流域内实施了限额用水工作，之后的历次委员会上，由委员会主任与流域各地（州）、兵团师领导签订年度用水目标责任书，核定年度用水限额，落实限额用水责任。流域各地（州）、兵团师将落实年度限额纳入考核目标，建立责任追究制度，层层负责执行用水协议。限额用水执行过程中，塔里木河流域管理局对各单位用水目标责任书执行情况进行监督检查。

2001 年在塔里木河流域水利委员会第五次会议上，成立了新一任的委员会领导班子，国家发改委、水利部及黄河水利委员会的领导担任委员会副主任委员，参与委员会的组织和管理工作。委员会及时、有效的运行、决策机制，对指导、促进流域综合管理工作起到很好的成效，较好地促进了流域管理与区域管理和谐关系的建立。

从 2002 年起，自治区在全流域实施了水量统一调度。按照"统一调度，总量控制，分级管理，分级负责"的原则，塔里木河流域管理局负责全流域水量统一调度管理工作，流域各地（州）、兵团师在分配的用水限额内负责区域水资源的统一调配和管理。

近年来，塔管局全力以赴实施塔里木河流域综合治理，加强流域水资源统一管理和调度，取得了阶段性的成果，生态效益、经济效益、社会效益初步显现。

3.2.5　存在的问题

（1）如何实现区域管理服从流域管理，需要在体制机制上进一步研究和落实。协调源流与干流、上游与下游、地方与兵团、地表水和地下水、生产与生态等用水关系仍然有难度。需要进一步明确流域管理与区域管理的事权，如何实现区域管理服从流域管理在体制机制上需要进一步研究和落实，需要把"行政区域管理应当服从流域管理"落实在具体的措施中。

（2）电调与水调不协调问题。近年来，塔河流域水电开发建设已被大的企业集团占有、控制，形成了多家割据、群雄纷争的局面。这些由企业开发建设、管理的山区控制性水库未纳入流域水量统一调度管理，没有按照"电调服从水调"的原则进行调度运行管理，已对农业灌溉、河流生态以及向塔河供水造成了很大影响。

（3）执法力度需要进一步加强。违反《条例》及自治区批准的水量分配方案，不执行水调指令抢占、挤占生态水，不按塔里木河近期治理规划确定的输水目标向塔里木河输水的现象时有发生，因此执法力度需要进一步加强。

3.3 流域水资源统一调度体制保障措施

3.3.1 完善水资源管理体制，强化水资源统一调度

《中共中央 国务院关于加快水利改革发展的决定》（中发〔2011〕1号）中第七部分就是"不断创新水利发展体制机制"，其中的第二十三条要求：完善水资源管理体制。完善流域管理与区域管理相结合的水资源管理制度。强化城乡水资源统一管理，对城乡供水、水资源综合利用、水环境治理和防洪排涝等实行统筹规划、协调实施，促进水资源优化配置。第十九条要求：强化水资源统一调度，协调好生活、生产、生态环境用水，完善水资源调度方案。

《国务院关于实行最严格水资源管理制度的意见》（国发〔2012〕3号）第十八条要求：完善水资源管理体制。进一步完善流域管理与行政区域管理相结合的水资源管理体制，切实加强流域水资源的统一规划、统一管理和统一调度。强化城乡水资源统一管理。

目前塔里木河流域水资源统一调度中遇到的"水调与电调矛盾日益突出，严重影响流域水量统一调度""区域管理如何服从流域管理"等问题，都需要通过完善塔里木河流域水资源管理体制才能解决，因此需要落实中央和国务院关于完善流域管理与行政区域管理相结合的水资源管理体制的决定，进一步完善塔里木河流域水资源管理体制，强化塔里木河流域水资源的统一调度。

3.3.2 实现区域管理服从流域管理的总体设想

《中共新疆维吾尔自治区党委、新疆维吾尔自治区人民政府关于加快水利改革发展的意见》（新党发〔2011〕21号）第六条要求：完善流域管理与区域管理相结合，区域管理服从流域管理，分工明确、运转协调的水资源管理体制。

"区域管理服从流域管理"是在2005年修订《新疆维吾尔自治区塔里木河流域水资源管理条例》时首次提出的，突破了《水法》的相关规定。之后，在2007年7月27日甘肃省人民政府通过的《甘肃省石羊河流域水资源管理条例》的第三条也规定了"行政区域管理服从流域管理"的管理体制。但《新疆维吾尔自治区塔里木河流域水资源管理条例》和《甘肃省石羊河流域水资源管理条例》都没有明确"区域管理服从流域管理"究竟是指什么。因此，需要进一步研究流域管理与区域管理的关系以及"区域管理服从流域管理"的含义。

1. 流域管理与区域管理是有区别的

在《〈中华人民共和国水法〉释义》中指出：按照《水法》的有关规定，借鉴国外流域管理的成功经验，从总体上说，流域管理机构在依法管理水资源的工作中应当突出宏观综合性和民主协调性，着重于一些地方行政区域的水行政主管部门难以单独处理的问题，而一个行政区域内的经常性的水资源监督管理工作主要应由有关地方政府的水行政主管部门具体负责实施。

因此流域管理与区域管理是有区别的，有各自的侧重点。流域管理与区域管理的区别主要表现在管理单元和管理趋向性不同。流域管理是以自然流域为单元进行水资源的管理，区域管理是以行政区域为单元进行管理。流域管理往往更趋向于对水的自然属性的管理，注重整个流域的水循环，目标是使流域内水资源得到整体有效的利用。区域管理通常趋向于对水的社会属性的管理，从区域局部出发，目标是综合利用辖区内的水资源充分发展区域经济。

为此，要正确划分流域管理与区域管理的事权。划分权限的基本原则是：流域管理要从流域整体的角度考虑，处理好整体规划和宏观管理工作，以及对流域全局有重大影响的具体工作。地方能够独立处理好且与其他行政区域无关的，则由地方处理，流域机构只需在必要的时候进行帮助和支持；地方处理有困难或关系其他行政区域时，流域机构要加以协调。

2. 流域管理离不开区域管理

流域机构不是一级政府，需要政府管理的必须是区域管理。流域管理主要是强调宏观、协调和监督管理，具体实施主要靠区域管理。要贯彻流域统一管理，必须通过区域管理克服本地主义观念，才能获得流域管理的最佳效果。

另外，一些经常性的水资源管理工作的工作量非常大，仅靠流域机构是无法完成的。例如，仅取水许可管理这一项工作，日常工作量就很大，新疆维吾尔自治区 2010 年年终保有的有效取水许可证为 31185 套，征收水资源费 1.15 亿元，这些大量的工作主要应由地方政府的水行政主管部门去完成。

因此，流域管理离不开区域管理，而且必须依赖区域管理。

3. 区域管理要服从流域管理

由于流域水资源的整体性、流动性和多功能性，防洪、发电、供水、航运、灌溉、养殖、旅游、生态环境等多种使用价值和功能，往往会形成区域局部利益和流域整体利益的矛盾，但为了最佳综合效益，需要从流域整体利益出发，而不是从区域局部利益出发进行管理，因此区域管理要服从流域管理。

"区域管理服从流域管理"应该是指在利用流域水资源时，当区域（或行业）的利用行为影响到流域整体利益，流域机构提出管理意见时，区域（或行业）的管理部门必须接受，并且责令水资源使用者按照流域机构提出的管理意见进行改正的管理模式。因此，"区域管理服从流域管理"的两个前提条件是：

一是区域（或行业）利用了流域水资源；二是区域（或行业）利用流域水资源的行为已经影响了流域的整体利益。

区域管理要服从流域管理的结合点就是对流域水资源的利用。例如在塔河流域的水电站没有按照电调服从水调进行调度运行，已对农业灌溉、河流生态、向塔河供水造成了很大影响时，塔管局从流域整体利益出发，要求这些水电站按照电调服从水调进行调度运行，那么这些水电站必须接受这个要求，按照电调服从水调的原则进行调度。流域机构和水电站的结合点就在流域水资源上，水电站利用了塔河流域的水资源，在影响了塔河流域的整体利益时，流域机构就可以提出管理要求，而水电站必须服从。

例如塔里木河沿河两边违规打井现象严重，已经对生态环境产生了严重影响时，塔管局要求将地下水的开发、利用和管理纳入流域水资源统一管理时，塔里木河沿河的区域管理必须接受服从。流域机构和地下水使用者的结合点就在地下水上，因为使用了塔里木河流域的地下水，而且影响了塔河流域的生态环境，流域机构就可以提出管理要求，而地下水使用者必须服从。

今后在塔河流域出现新的影响流域整体利益的事件和情况时，塔管局提出管理意见和措施时，区域（或行业）的管理部门必须接受。这些应该是"区域管理要服从流域管理"的实质和要求。

3.3.3　实现地表水与地下水的统一管理的总体设想

1. 地下水管理有关法规

目前我国除了《水法》外，没有全国性的专门的地下水管理方面的法规。各流域机构也没有针对本流域的地下水管理方面的法规。只有部分地方政府公布了针对本地区的地下水管理方面的法规。例如《新疆维吾尔自治区地下水资源管理条例》（2002 年 5 月公布，2004 年 11 月与 2017 年 5 月两次修订）、《内蒙古自治区地下水管理办法》（2013 年 10 月）、《辽宁省地下水资源保护条例》（2003 年 8 月公布，2011 年 1 月修订）、《河北省地下水管理条例》（2015 年 3 月）、《陕西省地下管理条例》（2015 年 11 月公布）等。

因此，目前我国地下水管理实行的是"行政区域管理"。

2. 实现地表水与地下水统一管理的设想

（1）根据《新疆维吾尔自治区地下水资源管理条例》规定的"地下水资源实行行政区域管理与流域管理相结合的管理体制，流域管理机构应以批准实施的地下水资源保护和利用规划为依据，在所管辖的流域范围内依其职责对地下水资源进行管理和监督"的管理体制，结合《新疆维吾尔自治区塔里木河流域水资源管理条例》规定的"区域管理服从流域管理"这一条，在塔里木河流域发生大量违规使用地下水，对流域生态环境产生严重影响时，塔管局有责任和权力要求将地下水纳入流域水资源统一管理、限制地下水的开发利用，并可通过制定《塔里木河流域地下水管理办法》加以规范。对于这些措施，区域管理部门以及环境保护、国土资源、城建等有关部门必须服从。

（2）地下水的开发利用特点是面广、量大、分散，因此要对整个塔里木河流域的地下水实行流域管理，由塔管局统一直管不现实，也没有必要。实际管理中，只要抓住主要的问题和主要的用水户即可。

（3）目前的主要问题是塔里木河沿岸违规打井用水，因此首先要把塔里木河沿岸的地下水纳入流域水资源统一管理。

（4）把流域内的地下水用水大户（用水大户的标准另行研究确定）纳入流域管理，由塔管局直接监管。流域内的其他大量的地下水用户由当地的有关部门管理，仍然实行区域管理。

（5）塔管局负责区域地下水用水总量的规划和控制。

（6）制定出台有关塔里木河流域地下水管理方面的法规，如《塔里木河流域地下水管理办法》，使地下水真正实行"流域管理与行政区域管理相结合，行政区域管理应当服从流域管理"的管理体制。

3.3.4 实现"电调服从水调"的总体设想

1. 新疆维吾尔自治区电调现状

目前我国已建立了较完备的电力调度（简称电调）体系，分五级。分别是国家电力调度通信中心，简称国调；东北、华北、华东、华中、西北、南方电力调度通信中心，简称网调；各省（自治区、直辖市）电力公司电力调度通信中心，简称省调；还有 270 个地调和 2000 多个县调。各级调度机构对各自调度管辖范围内的电网进行调度。根据《中华人民共和国电力法》的规定，电网运行实行统一调度、分级管理。国家电力调度通信中心是国家五级电网调度系统中的最高一级指挥机构，负责全国电网的调度管理工作，承担全国电网调度自动化和电力专用通信系统的行业管理职能，并对跨大区的联络线进行直接调度。

新疆电网已建立了三级调度体系，即省调（新疆电力调度中心）、地调（地区级电网调度机构）、县调（县级调度机构）。电网调度机构在电网调度业务活动中是上下级关系，下级调度机构必须服从上级调度机构的调度。省调是新疆电网的最高调度指挥机构，根据《新疆电网调度管理规程》（2006 年 5 月 1 日起施行），省调负责覆盖在新疆区域内的所有电网的电力调度，负责新疆区域内的水电站水库发电调度工作，编制水库调度方案，及时提出调整发电计划的建议，满足流域防洪、防凌、灌溉、供水、排沙等方面的要求。

2. 新疆维吾尔自治区范围内水电站调度的有关法规文件

新疆维吾尔自治区范围内水电站调度的有关法规文件有《中华人民共和国电力法》《中华人民共和国电网调度管理条例》《全国互联电网调度管理规程》《新疆电网调度管理规程》《中华人民共和国水法》《中华人民共和国防洪法》《中华人民共和国防汛条例》《大中型水电站水库调度规范》《综合利用水库调度通则》等。

3. 电调的有关原则和要求

（1）需要并网运行的发电厂必须满足国家法律、法规的有关要求和国家能源局、新疆电力公司关于并网管理的有关规定。根据规定签订有关并网协议的，有关各方必须严格执行所签协议。并网运行的发电厂必须纳入相应一级电力调度机构的调管范围，服从电力调度机构的统一调度（《新疆电网调度管理规程》第十条）。

（2）下级调度机构必须服从上级调度机构的调度（《中华人民共和国电网调度管理条例》第九条）。

（3）对具有综合效益的水电厂（站）的水库，应当根据批准的水电厂（站）的设计文件，并考虑防洪、灌溉、发电、环保、航运等要求，合理运用水库蓄水（《中华人民共和国电网调度管理条例》第十三条）。

（4）在汛期，水库不得擅自在汛期限制水位以上蓄水，其汛期限制水位以上的防洪库容的运用，必须服从防汛指挥机构的调度指挥和监督（《中华人民共和国防洪法》第四十四条）。

（5）在汛期，以发电为主的水库，其汛限水位以上的防洪库容以及洪水调度运用必须服从有管辖权的人民政府防汛指挥部的统一调度指挥（《中华人民共和国防汛条例》第二十六条）。

（6）其汛期防洪限制水位以上防洪库容的运用，必须服从流域内有管辖权的防汛指挥机构的统一领导和指挥。在非防汛期间水库库容应由水电站负责调度，并服从所属电力调度机构的指挥（《新疆电网调度管理规程》第十二条）。

（7）水电站制定的次年度、供水期和次月度水库运用计划，应分别在每年10月15日前、蓄水期末和每月20日前报所属电力调度机构（《新疆电网调度管理规程》第十二条）。

（8）日发电调度计划编制：水电厂（站）每日13：00前应向省调报送前一日水库24小时水位及最大、最小（或平均）进库流量、出库流量、泄流量、发电量、用水量和弃水损失电量，预计次日平均进库流量、发电量及电厂（站）96个点（每间隔15分钟一点）的可调出力，省调综合考虑后确定水电厂（站）次日的发电调度计划。双休日及双休日后上班第一日的出力预计，应于双休日前一日13：00前报省调（《新疆电网调度管理规程》第五条）。

4. 电调服从水调的设想

《中共新疆维吾尔自治区党委、新疆维吾尔自治区人民政府关于加快水利改革发展的意见》（新党发〔2011〕21号）第二条中的第（六）点要求：加强水能资源开发利用的管理工作，规范水能开发市场。尽快出台《新疆水资源应急调度条例》和《新疆水能资源管理条例》，根据流域和区域综合规划，规范水能资源开发审查管理程序，统筹协调防洪、供水、灌溉、生态和环境保护等与发电的关系，科学合理确定开发程度和开发方案。按照"电调服从水调"，对流域内水电企业实行统一管理调度，确保区域防洪、生态、供水和灌溉。

（1）为了落实上述要求，新疆维吾尔自治区可以考虑成立一个自治区水调中心，自治区内各流域成立流域水调中心（例如塔里木河流域水调中心），流域水调中心服从自治区水调中心的调度。

（2）自治区水调中心按照电调服从水调原则，对自治区内的水电企业实行统一管理调度，确保防洪、生态、供水和灌溉整体效益的实现。

（3）流域水调中心（例如塔里木河流域水调中心）根据本流域供用水、生态需水等情况，向本流域的有关水电站提出水量调度要求，同时上报自治区水调中心，自治区水调中心核准后向有关水电站发出调度指令，有关水电站必须服从。

（4）为了真正实现电调服从水调的目标，需要对《新疆电网调度管理规程》第十二条中关于"在非防汛期间水库库容应由水电站负责调度，并服从所属电力调度机构的指挥"的条款进行修改。修改成"在非防汛期间水库库容应由水电站负责调度，并服从自治区水调中心的指挥"。

（5）由于电网调度的精度高于水量调度的精度，因此自治区水调中心向水电站发出调度指令时，应以月、旬等较长时间段的总水量要求为宜，具体的日调度由水电站根据电网要求相机进行。

第4章

塔里木河流域统一调度行政保障研究

塔里木河流域水资源统一调度实施十余年来，流域水资源统一管理力度不断加大，水量统一调度取得了诸多实质性的成效，开创了塔里木河流域水量统一调度管理的新局面。但由于流域水资源统一管理总体尚处于初级阶段，在实际管理工作中仍存在着行政保障措施不到位等问题。为推进流域水资源有效统一管理，加快水资源管理体制改革，新疆维吾尔自治区第十一届人民政府第19次常务会议决定建立塔里木河流域水资源管理新体制，并于2011年实施完成。新体制整合兼并了现有的塔里木河流域主要源流管理机构，为实现全流域的水资源统一高效管理扫除了体制不顺的障碍。

考虑到塔里木河流域水资源管理体制改革刚刚完成，需要有与之相适应的运行机制并制定配套的行政保障措施。本章通过对比塔里木河流域水资源管理体制改革前后的组织结构，分析当前流域水资源统一管理行政保障方面存在的问题，提出相应的措施建议。

4.1 流域体制改革前后行政组织结构对比

4.1.1 新管理体制实施之前的统一调度行政组织结构

塔里木河流域管理局于1992年正式成立，同期还成立了塔里木河流域管理委员会，以加强流域的水行政管理和协调能力。然而，由于塔里木河流域管理局管理的职权范围仅限于干流区，缺乏对全流域及各地（州）、兵团及相应水管单位的约束机制。

根据《新疆维吾尔自治区塔里木河流域水资源管理条例》，自治区人民政府于1997年设立塔里木河流域水利委员会，负责塔里木河流域水资源的统一监督管理。委员会下设塔里木河流域水利委员会管理局，负责行政和技术方面的工作。流域水利委员会和塔管局等管理机构的成立对流域水资源的统一调度管理和合理配置起到了一定的积极作用。

塔管局在2011体制改革之前设置有如下行政保障机构：塔管局机关内设机构水政水资源处，局属单位水政监察分队、水利经济民警分队。另外，各源流管理局、管理处独立管理各自所在流域（图4.1）。各个管理机构的职责如下。

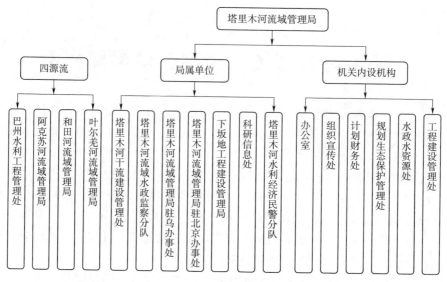

图4.1　塔里木河流域管理局体制改革前的组织机构

1. 水政水资源处

宣传、贯彻、执行法律法规、教育、监督以及检查等工作。负责流域内水资源的统一调度管理；负责拟定流域内水法制建设规划和计划；组织实施塔河流域内取水许可制度；组织协调处理流域内地州之间、兵地之间的水事矛盾和纠纷；负责流域内水资源统一规划、管理和保护工作，组织实施塔河流域水资源保护规划和水功能区划分；负责审查流域内开发利用水资源新建、改建、扩建工程项目的水资源论证报告；负责塔河干流水价核算和水费征收管理办法的起草工作；负责塔河干流河道管理范围内的水资源费等水利规费的征收工作；负责流域水情资料的收集整理工作；负责管理塔管局水政监察分队。

2. 水政监察分队

宣传、贯彻、执行法律法规；依法查处干流区各类水事违法案件；协助水政水资源处组织实施塔河流域内取水许可制度，取水许可的审批、发证工作，并监督源流限额以下取水许可制度的实施；依法保护塔河干流区河道、水、水域（含河道保护管理范围）、水工程、水土保持和其他水利设施，维护正常的水事秩序；协助局水政水资源处组织协调处理流域内地州之间、地方与兵团之间以及干流区各用水户之间的水事矛盾和纠纷；协助水资源费等水利规费的征收工作；依法对水事活动进行监督检查，对违反水法规的行为依法作出行政处罚或采取其他行政措施；配合公安、司法等部门查处流域内的水事治安及刑事案件。

3. 水利经济民警分队

负责塔里木河流域管理局管理范围内重要水利设施和水工建筑物的安全守护、保卫工作；负责局属工程施工过程中以及计收水费等一切重要物资、资金、文件资料的武装押运，保证安全；定期巡视、检查塔管局管理的河道和水工建筑物，制止和监督破坏水利设施及河道的犯罪行为，协助地方公安部门侦查盗窃、破坏水利设施的案件；协助局水行政监察部门及局属单位进行水利执法；负责局属水利工程确保安全施工。

4. 各源流管理局、管理处

在塔里木河流域上游开展水利法规宣传教育，贯彻执行国家、自治区、水利厅以及塔管局制定的各项水法律、法规、规章等。按照流域规划要求，负责塔河上游水情监测工作，监控各源流向塔里木河输送的水量、水质。负责征收塔河上游段水费。参与各源流及塔河上游水资源综合考察和评价；协调处理辖区内各用水单位之间的水事纠纷；负责辖区内水工建筑物的运行管理；负责辖区内的水工程监测和水文测验工作，并对观测资料进行整编，为工程运行和管理提供依据；负责辖区内灌溉制度、测水、配水、试验以及水费征收的调研、稽查工作；参与指导塔里木河上游防洪工作，收集阿克苏河、叶尔羌河、和田河汛期入塔河的水情资料；对本辖区内地方、兵团及其他行业的水利工作做好业务指导和技术服务；负责辖区内各生态监测站的运行管理，提交准确、合格的成果。

在管理体制改革前，由于管理体制不顺，区域管理与流域管理存在矛盾，违反《新疆维吾尔自治区塔里木河流域水资源管理条例》以及自治区批准的水量分配方案、水量调度管理办法，不执行水调指令抢占、挤占生态水，不按塔河近期治理规划确定的输水目标向塔河输水的现象时有发生，塔河干流水权及生态用水水权得不到法律保护，塔管局因具有的管理权限所限，难以依法进行处罚。

4.1.2 新管理体制实施之后的统一调度行政组织结构

为推进新疆跨越式发展和长治久安，加快塔里木河流域水资源管理体制改革。2011 年 2 月 10 日，自治区人民政府在深入开展调研、广泛征求意见、缜密研究论证、充分集思广益的基础上，决定将塔里木河流域四条主要源流管理机构整建制移交塔管局管理，建立塔里木河流域水资源统一管理新体制。到 2011 年底，四源流管理机构移交工作基本完成。移交工作包括：将叶尔羌河流域管理局、和田河流域管理局、阿克苏河流域管理局、巴州水利工程管理处，整建制（包括河道水工程）移交塔管局直接管理，分别更名为塔里木河流域喀什管理局、塔里木河流域和田管理局、塔里木河流域阿克苏管理局、塔里

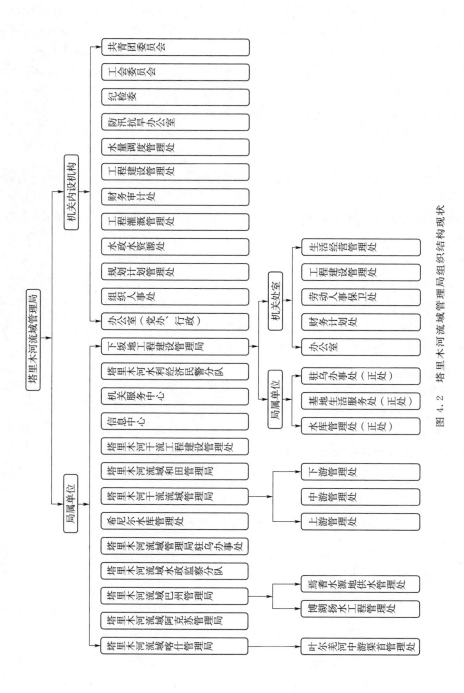

图 4.2 塔里木河流域管理局组织结构现状

木河流域巴州管理局。

移交后的"四源流"流域管理机构隶属于自治区塔里木河流域管理局，对源流水资源和河流上的提引水工程等实行直接管理。源流各地（州）、兵团师负责用水总量内的配水管理，并接受流域机构的业务指导，不再对源流水资源及河流上的提引水工程实行直接管理。"四源流"流域管理机构移交后，经费来源渠道不变，经营性支出全部从税费收入中解决；塔里木河流域和田管理局和塔里木河流域喀什管理局的公益性支出由自治区财政解决；塔里木河流域阿克苏管理局和塔里木河流域巴州管理局的公益性支出由自治区财政厅商塔管局提出方案。

流域水资源管理体制改革后，在塔管局的直接领导下，"四源流"流域管理机构对所在流域依法行使水资源统一管理、流域综合治理和监督管理等职能，明确了新成立的四源流管理机构管理范围及职责，理顺了管理体制，为统一、科学、有效调度水资源提供了有力的保障。

改革后的塔里木河流域管理局组织结构如图4.2所示。

4.2 流域水资源统一调度行政保障方面存在的问题

长期以来，由于管理体制不顺，塔里木河流域水资源统一调度中存在着各种运行机制方面的缺陷以及行政保障方面的漏洞。在塔里木河流域管理新体制建立之后，需要对相关问题进行系统的总结和梳理。

4.2.1 区域管理服从流域管理未完全实现

流域管理与行政区域管理相结合，行政区域管理服从流域管理的体制未能完全实施到位，缺乏相应的完善机制与有力的行政保障，水资源统一管理难以得到真正的实现。过去水资源管理主体多元化、各自为政的局面，使得长期以来以地域为单元的区域管理观念仍然较深，虽然塔管局已对流域内各源流及所属水利工程实行直接管辖，但仍存在地方及兵团取水用水违背流域管理规定的问题，使得流域的水资源管理难以协调发展、统筹调度。

塔里木河流域水资源管理的实践表明，流域统一管理与地方行政区及兵团部门的用水管理之间的不协调依然存在。

在管理手段上主要是对水资源分区配置，流域各地方行政区及各师每年都与流域水利委员会签订用水协议，根据区域用水总量控制指标进行用水。但在实际使用时，由于水文监测手段落后，缺乏行政执法力量等因素，对于各地在用水限额上的监督控制，未能及时准确地考核地方实际取水量并采取相应的处罚，使得私自引水、无度开荒种田用水与生态环境争水、与下游区域争水情况时有发生，超计划用水也不实行超额累进加价制度，因此水资源紧缺和浪费的矛盾并没有得到有效的缓解。

4.2.2　责任考核制度不完善

长期以来流域内部存在着多头管理、执法难和管理难的问题。目前自治区已实行用水行政首长负责制。在分配用水总量限额内，流域各地（州）、兵团师负责区域水资源的统一调配和管理，实行行政首长负责制。但为了使此项政策的落实到位，真正实现水资源的有效统一管理，需要完善并细化用水行政首长负责制，具体包括以下四项：切实加强组织领导，逐级落实水资源管理行政首长负责制，严格责任考核制，建立奖惩机制。以此进一步完善地方政府水资源管理保护责任考核制度，实现行政区域与流域水资源的协调统一管理。

4.2.3　缺乏完善的会商机制

在新体制建立之前，为加强塔里木河流域管理局与各地（州）、兵团师的沟通交流，塔管局已于 2010 年制定了《塔里木河流域水资源管理联席会议制度》（简称《制度》）。按照制度规定，塔管局每年与相关地（州）、兵团师召开联席会议 1～2 次，就限额用水和水量调度等问题进行了沟通协调。在新体制建立后，由于管理区域的扩大以及涉及地（州）、兵团的相应增加，应完善并认真落实会商机制，解决并协调好常规以及突发的水事状况。

4.2.4　监督执法困难

塔里木河流域水资源统一调度过程中，在监督执法方面暴露出的问题主要包括以下三个方面。

（1）用水户的法制观念淡薄，暴力抗法等问题严重，严重阻碍了流域水资源的统一管理。

近几年，流域内暴力抗法用水事件时有发生，在干流河道执法工作中，由于没有流域水利公安队伍，在执法工作中经常遇到执法装备经费不足和各种暴力抗法现象。据统计，仅干流平均每年发生的水事案件就达上百起，执法人员遭到围攻、辱骂、殴打的事件约 40 起。其中，仅 2010 年就有 2 名副处级以上干部、13 名水政执法人员遭到暴力殴打，被围攻辱骂的达 50 余人次。由于在河道管理范围内非法开垦、建房、建堤等违法案件时有发生，有些案件潜在危害很大并已触犯刑律，加之塔河沿线长、点散、偏僻的特点，仅靠有限的水政监察人员依据行政法规无法有效查处。这些违法行为、违法案件的发生，已严重扰乱了流域正常的水事秩序，破坏了社会公共财产安全，同时也对当地合法用水户的用水权益造成了严重侵害。

（2）水政监察队伍建设滞后，难以满足流域水政监察执法需求。

塔里木河流域"四源一干"地跨南疆 5 个地（州）的 28 个县（市）和 4 个兵团师的 45 个团场。流域面积 25.86 万平方千米，河道全长近 5000 千米，具有面宽、线长、点散的特点，监督执法难度极大。目前"四源一干"流域管理机构仅有水政监察员 87 名，且多数均为兼职，其中，巴州管理局、干流管理处目前尚没有水利执法机构。机构设置与实际需要不相适应的矛盾日益突出，水行政执法机构设置不健全，人员短缺，现有水政监察人员队伍已远远不能满足当前塔河流域水利执法工作的要求。

（3）"有法不依""执法不严"问题突出。

新疆维吾尔自治区高度重视塔里木河流域管理的法律保障体系建设，在《中华人民共和国水法》《新疆维吾尔自治区实施〈水法〉办法》的基础上，针对流域管理的实际需要制定了地方性法规和一系列规范性文件。自治区人大出台了《新疆维吾尔自治区塔里木河流域水资源管理条例》，自治区人民政府批准发布了《塔里木河流域"四源一干"地表水水量分配方案》《塔里木河流域"四源一干"水量调度方案》《塔里木河流域水量统一调度管理办法》等文件。

法不在多，而在管用，更重要的在于能够得到有效的执行。当前，流域内执法难、行政管理难以有效作为的问题比较突出，现行法律制度没有得到有效地贯彻执行，执法不严的现象十分普遍。例如，塔里木河流域干流水权和生态水权没有受到应有的法律保护；源流和干流普遍存在的盲目大面积开荒挤占生态用水的现象，也没有受到法律应有的制止。

4.2.5　缺乏民主参与机制

塔里木河流域水资源是全体用水者的共同资源。将用水者利益关联在一起，在对塔里木河进行规划、管理、开发和利用的过程中，凡是利益相关者都应有权发表自己的意见，流域管理政策和措施也要取得用水者的认同和支持，才能获得实效。目前，流域层次的参与机制主要在塔里木河流域的协调机构——流域水利委员会。而参与方式是行政手段和上下级管理，缺乏民主参与机制。为了进行有效管理，应扩大民主参与程度，建立包括用水大户、专家学者、水行政官员等在内的对话协商机制。

4.2.6　人员编制不足

塔里木河流域管理局在体制改革前原有编制 194 名，在四源流统一移交塔管局管理之后，由于管理工作量的加大，以及需要增设水利公安并且完善水政监察机构等，需要增加专职人员编制，以保障水资源统一调度管理的全面实施。

4.2.7　基层业务素质有待提高

流域内部分基层工作人员纪律涣散、责任心不强，无故离岗、旷工等问题时有发生；部分基层工作人员职业素养不高、业务水平参差不齐，水文监测不按时，不按规定操作；另外，法制意识薄弱，不严格执行相关法规条例及上级命令，生态闸看守不到位，"人情水""关系水"等现象在某些地区较为普遍，在一定程度上阻碍了塔里木河流域的水资源统一调度管理。

4.3　流域水资源统一调度行政保障措施

4.3.1　加强水资源统一调度会商机制

目前，自治区已经成立了塔里木河流域水利委员会、执行委员会及其办事机构执委办、塔管局等机构，并分别赋予了其相应的权利与责任。委员会成立以来召开了多次会议，对流域综合治理等重大事项进行了及时、有效的决策。

为加强塔里木河流域管理局与各地（州）、兵团师的沟通交流，塔管局已于 2010 年制定了《塔里木河流域水资源管理联席会议制度》，经自治区人民政府办公厅下发执行。

4.3.1.1　塔里木河流域水资源管理联席会议制度

塔里木河流域水资源管理联席会议召集人由塔管局担任。联席会议成员单位由塔管局、流域内各地（州）、兵团师及其水行政主管部门、水管单位和相关部门组成。参加会议人员由各地（州）、兵团师的副专员、副州长、副师长，及其水利局局长、各流域管理局局长等组成。《制度》具体规定了联席会议的主要职责和工作制度，明确联席会议的主要职责是传达、贯彻落实自治区党委、人民政府及塔委会有关流域综合治理等方针、政策；就流域规划、工程建设、限额用水与水量调度、防洪抗旱、水事纠纷等有关业务事宜进行沟通、协商、协调，提出解决问题的方案；研究需要提请自治区人民政府、塔委会协调解决的问题，提出合理化建议。每年召开 1～2 次会议，遇到具体问题随时召开。会议将以会议纪要或简报的形式明确会议议定事项，相关成员单位负责具体落实，联席会议办公室负责督办。

按照《制度》的规定，每年塔管局与相关地州、兵团师召开联席会议，及时就限额用水和水量调度等问题进行沟通协调。塔里木河流域水资源管理联席会议制度的建立，将进一步健全与完善塔里木河流域水资源统一管理机制，加强塔管局与流域各地（州）、兵团师的业务联系和沟通交流，增进水事各方的相互支持和了解，及时化解矛盾，有力推动塔里木河流域综合治理工作健康有序的发展。

4.3.1.2　塔里木河流域水资源统一调度会商制度

由于水资源统一调度信息量大、涉及面广、面临的不确定性因素多、调度失误造成的后果严重等实际情况，会商与远程会商是一个很好的解决方案。会商体现了以人为本的理念，通过群决策方式，形成科学、可靠的调度方案的过程，会商的过程可利用现代信息技术系统等科技手段作为可依托平台。

鉴于塔里木河流域水资源未能完全有效统一管理和合理配置，为促进流域治理与水资源管理、保护，在塔里木河流域构筑更高层次的会商平台，建立权威、高效、民主的流域管理与区域管理相结合的协调机制势在必行。建议成立由自治区水利厅、塔里木河流域各地（州）政府及有关部门和用水户代表参加的塔里木河流域管理协调委员会，搭建流域水事会商与协调的平台，并以塔里木河流域管理局为载体，推动流域规划、治理、调度以及流域水资源管理和保护、水污染防治重大事项的协调，通过议事、协商，推进流域、区域水资源、水环境、水生态与经济社会的协调发展。当涉及重大决策、各部门协作、根本利益、投资运作等重大问题时，各级政府和流域机构可站在全局和战略高度上，研究解决各种发展问题和难题。

认真落实定期会商制度。调度期间，塔河流域管理机构应积极做好与各相关单位的联系协调工作，认真贯彻落实定期会商制度，定期组织召开专题工作会议，加强与电调中心、供电局和各水库的管理机构等沟通协调，就水量调度过程中遇到的问题、流域水情预测分析等内容进行深入的沟通与交流，同时就同步开展监测工作以及资料共享等问题达成共识。此外，积极加强沟通协调，统筹考虑水调与电调的关系，推动水量调度顺利实施；加强与各水文站的沟通，强化对塔河源流及干流重要控制断面的水量水质监测，及时掌握流域水量水质状况。

通过制订塔里木河流域水资源各级水量调度会商制度，可充分发挥地方行政领导和主管业务部门在塔河水调工作中的积极作用，以便充分协调源流与干流、部门与部门、地区与地区之间的关系和利益，确保在水量的适时调度和优化配置上达成一致，达成共识，以利于水调工作的顺利实施。

各级水调部门要加强同地方政府的联系，及时向地方政府有关领导和部门汇报水调实施方案和措施，及时提供水文、水情、水调信息，使其对塔河水调工作实施情况了如指掌，从而成为顺利实施塔河水调的坚强后盾。同时，各级水资源调度管理部门在实施水量统一管理、统一调度过程中，还要在确保塔河干流输水的前提下，科学合理地搞好水资源的优化配置，搞好供水服务，力求通过科学调度、优化配置和优质服务，统筹兼顾源流与干流，各地区之间的用水需求，维持辖区正常的用水秩序，尽可能地缓解下游地区缺水的状况。

4.3.2　完善用水行政首长负责制

《中共中央　国务院关于加快水利改革发展的决定》（中发〔2011〕1 号）关于实行最严格的水资源管理制度中提出，需建立水资源管理责任和考核制度。县级以上地方政府主要负责人对本行政区域水资源管理和保护工作负总责。严格实施水资源管理考核制度，水行政主管部门会同有关部门，对各地区水资源开发利用、节约保护主要指标的落实情况进行考核，考核结果交由干部主管部门，作为地方政府相关领导干部综合考核评价的重要依据。

用水总量控制管理实行行政首长负责制，把用水总量控制指标作为约束性指标纳入国民经济和社会发展规划及年度计划，并由塔管局统一负责流域内的用水总量控制的监督和管理工作。

4.3.2.1　用水限额实行行政首长负责制

塔里木河流域水资源统一调度管理工作由塔管局负责。在分配用水总量限额内，流域各地、州及兵团师负责区域水资源的统一调配和管理，并实行行政首长负责制。

塔委会批准的年度水量分配方案和调度计划的执行由委员会与有关地（州）、兵团各师签订责任书，实行州长、专员、师长负责制和责任追究制。塔里木河流域水量调度计划、调度方案和调度指令，由地方人民政府、兵团行政首长和流域管理处及其所属管理站单位主要领导负责执行。

4.3.2.2　切实加强组织领导

塔里木河流域要建立权威、统一、高效的流域管理体制，建立健全塔管局运行、决策机制，明确塔管局的水行政统一管理职能，落实地（州）、兵团师在防汛抗旱、水资源管理、水库安全管理行政首长负责制和重大责任追究制，实施流域水资源统一管理和调度。

流域管理局设立塔里木河流域用水总量控制管理领导小组办公室，专门负责流域用水管理工作相关工作。

（1）办公室负责研究决策塔里木河流域用水管理工作，严格执行水量分配、调度、执法监督及责任考核等工作。

（2）负责流域的规划、建设、整治、保护和管理。

（3）负责塔里木河流域的水行政执法监督检查工作，协调处理水事纠纷。

（4）负责编制流域水量分配方案。

（5）制定年度水量调度计划。

（6）实行严格的取水许可制度。

（7）建立合理的水价和收费制度。

4.3.2.3　逐级落实水资源管理行政首长负责制

水量调度计划、调度方案和调度指令的执行，实行地方人民政府行政首长负责制和塔委会及其所属管理机构（塔管局）以及塔管局领导负责制。每年在主要媒体上公告塔河水量调度责任人、时间及水量调度的情况。

4.3.2.4　严格责任考核

流域管理局及所属管理站主要负责人加强对本辖区的水量管理工作。严格实施水量管理责任和考核制度。管理局对各管理站各辖区内用水主要指标的落实情况进行考核，考核结果作为相关领导干部综合考核评价的重要依据。同时加强水量水质监测能力建设，为强化监督考核提供技术支撑。

有下列行为之一的，对负有责任的主管人员和其他直接责任人员，在年终考核时将受到直接影响，情节严重的将给予行政处分：

（1）不执行水量分配方案和下达的调度指令的。

（2）不执行非常调度期水量调度方案的。

（3）其他滥用职权、玩忽职守等违法行为的。

（4）虚假填报或者篡改上报的取用水量数据等资料的。

（5）不执行塔管局水量调度，超限额引水的。

4.3.2.5　建立奖惩机制

对违反目标责任书超限额取水，不执行限额方案和调度指令，不服从水量统一调度指挥，不认真监测、传输水情信息的单位、部门、人员，依据《水法》《新疆维吾尔自治区实施〈水法〉办法》以及《条例》中相应的法律条款规定对相关单位处罚，并追究行政首长的责任。对于严格遵守目标责任书，限额方案和调度指令执行情况良好，服从水量统一调度指挥，认真监测、传输水情信息的单位、部门，则应给予相应的表彰和奖励。

4.3.3　成立水利公安

为维护流域正常用水秩序和灌区社会稳定，维护重要水利工程的安全和流域正常的水事秩序，促进流域水资源合理开发利用、生态保护和经济社会可持续发展，加强水利执法队伍建设，强化流域管理机构的执法职能，建议参考黄河水利委员会的做法，由自治区公安厅成立塔河流域水利公安机构，并由塔管局协助管理。

4.3.3.1　成立水利公安的必要性

塔河流域"四源一干"地广人稀，水文监测站及各水利工程分布稀疏，对于各种违法行为，仅依靠地方公安机关，存在警力不足、无法及时有效查处的缺陷。若依靠塔管局工作人员解决，则由于塔管局在水资源管理过程中没有执法权力，难以对违法行为进行取证、制止和实施处罚。

当前，流域水利执法体制机构不健全、执法人员不足的矛盾日显突出。随着流域部分水利工程的建成，决堤，破坏河道堤防和生态闸，聚众强行开闸引水，在河道管理范围内开垦、建房、建堤等侵占河道；以及违法捕鱼，盗窃水利设备，使用暴利、威胁的方法阻碍水行政执法人员执行职务等案件时有发生。有些案件潜在危害很大，水政监察人员依据行政法规无法涉足此领域。加之水利工程具有线长、点散、偏僻的特点，地方公安机关因警力不足，基本无力涉足。目前，塔河流域水事方面的治安、刑事案件的查处还是一个空白。随着涉水矛盾和纠纷的日益增长，水利执法面临的工作越来越繁重、困难越来越多，执法任务十分艰巨。加之由于缺乏刚性的约束，水法被一些人视为可重视可不重视、可遵守可不遵守的"软法""豆腐法"。水利执法人员在执法过程中经常受到侮辱、围攻、暴力抗法和人身攻击。水利执法人员不但不能有效地行使执法职权，其最起码的人身安全都得不到保障。水利执法环境的艰巨和恶劣难以想象。

当塔里木河流域涉水违法案件发生时，水政执法人员曾经请当地公安派出所予以配合，以防止暴力抗法。但出人意料的是，当地公安机关却说："出面帮助你们会影响警民关系，不可能协助你们，只有发生打架斗殴才会出面制止。"对于殴打水政执法人员的暴力抗法者，公安机关以害怕群众闹事为由，不但不予以依法拘留，而且连这个人的姓名、住所、身份都不查清就放走了，反而把水政执法人员传到公安机关去"了解情况"。这些现象反映出，当地公安机关不仅不积极配合水政执法，而且把水政执法人员当成打架斗殴的治安管理对象，甚至还在一定程度上表现出偏向这些暴力抗法者的倾向。这类情况的发生，更加助长了不法分子的嚣张气焰，致使水政执法工作更加被动。

因此，建立、完善水利执法机构，加强流域水利执法工作和水法制建设已成为当前塔河流域亟待解决的问题。水利公安是公安机关设在水利部门专司保卫水、水域、水工程，维护水利治安秩序，依法对违反水法规并构成犯罪的和涉及治安管理处罚的水事案件与行为进行查处的水行政执法组织。为有效打击塔里木河流域内侵占、毁坏、盗窃、抢夺水利设施以及妨碍水利执法人员依法执行公务等方面的违法犯罪活动，切实维护流域内的水事安全，保障水利执法工作顺利开展，可建立水政监察机构与水利公安联动执法机制，在进一步完善加强水政监察机构设置的同时，成立流域水利公安执法机构，依靠水利公安执法的强力措施，从根本上促进和改变流域水利执法的被动局面。依靠公安执法的强力措施，既可改变目前水行政执法的被动局面，又可有效增强执法力量，强化执法手段，提高水行政执法的强制力，切实解决水事案件执法难的问题，给水行政执法工作带来事半功倍的效果。成立塔里木河流域水利公安机构已成为当前一项十分必要和迫切的重要任务。

4.3.3.2 其他流域或地区成立水利公安的经验

水利公安建立的原因是由于违法水事活动的增多和水政执法的困难。我国已在黄河流域的山西省、河南省、山东省，海河流域的辽宁省建立了水利公安队伍，保障了当地的水资源水事秩序与当地治安的稳定。

1. 黄河流域水利公安的经验

黄河水利公安队伍自20世纪80年代初成立至今，已历经将近三十年的风雨和波折。目前在河南省、山东省的黄河流域沿线各城市、县区建有黄河派出所。

黄河水利公安在国家体制改革过程中曾一度被撤销，然而随着沿黄经济社会的快速发展，保障黄河防洪和水资源安全的任务越来越重，责任越来越大。而黄河防洪工程及其附属设施遭到破坏、扰乱黄河正常水事秩序、殴打水政执法人员等违法行为时有发生，黄河水利执法队伍已不能满足执法需要。为此，黄河水利委员会于2009年提出恢复黄河水利公安设置，为水行政执法提供有力支持和保障的意见，并得到沿黄有关省政府的批复，建立了黄河水利公安执法队伍。实践表明，黄河水利公安为有效维护黄河水事秩序、确保黄河防洪安全和水资源安全提供了支撑和保障，为沿黄经济社会发展做出了很大的贡献。

黄河水利公安的职责范围，与地方公安有所不同。黄河水利公安有自己的工作特点，其职责范围一般包括：负责贯彻、落实水利法律、法规和各项规章制度；依法查处破坏黄河工程的治安案件，依法查处干扰和破坏黄河工程建设的治安案件，维护辖区内正常的黄河水事秩序，保护黄河工程附属设施的安全；配合黄河水政监察部门依法查处水事违法案件；加强和地方公安的联系，准确掌握本辖区治安动态，开展综合治理活动；加强工程巡查，协助做好护林防火、防盗和清障；加强法律法规和治安条例宣传，提高沿黄群众的法制意识等。

作为黄河派出所，河务局管理的范围就是黄河水利公安派出所的管理范围。如堤防、险工、涵闸、河道控导等工程，以及各种工程标志标牌、通信、观测、防护等设施；黄河沿岸依法划定的护堤地、工程保护地、防汛仓库和防汛石料；所辖河道内的水域、滩地，以及管理范围内的其他范畴，等等。职责和管理范围一旦确定，执法工作则重点明确，有的放矢。

（1）山东省黄河水利公安的经验。回顾山东省黄河水利公安的历史，历经了三个阶段：第一个阶段是初建阶段。20 世纪 80 年代初由省公安厅、机构编制委员会、水利厅、林业厅、河务局联合发文成立各黄河派出所。民警编制暂列河务部门，经费由河务部门承担，公安业务由县公安局承担。黄河派出所的成立为维护黄河治安秩序的稳定和工程设施的安全做出了突出贡献。第二个阶段是警衔制实施后。90 年代初黄河水政监察队伍成立，黄河派出所在黄河内部归水政管理。由于黄河公安队伍没有纳入公安序列，黄河公安民警没有评授警衔。一直到 1999 年，黄河派出所虽没有授衔，但仍有执法权。从 1999 年后，山东省黄河公安队伍就没有执法权了。第三个阶段是水管体制改革后。2005 年黄河水管体制改革后，在没有执法权、治安任务又非常繁重的情况下，河务局积极与县公安局协调，由县公安局派两名警察协助开展工作，保持了工作的连续性，正常的公安业务没有间断。

重新组建后的黄河派出所组织结构及人员配置如下：由县公安局下文任命公安局派来的一名同志任所长，河务局派出的一名同志任指导员，报地方组织部备案，实行公安、河务双层领导。派出所基础建设和公用经费、业务装备经费等由河务部门承担。

（2）河南省黄河水利公安的经验。2009 年，为进一步加强河南黄河执法力量，促进黄河公安派出所建设，切实维护黄河水事秩序，确保黄河防洪安全，河南河务局认真贯彻落实关于建立河南黄河水利公安队伍的批示精神，明确水政处具体负责，与河南省公安厅对接，组织开展黄河派出所建设工作。河南省公安厅向沿黄各市公安局下发了《关于筹建黄河沿线治安派出所的通知》（豫公政〔2009〕153 号），确定在河南沿黄设置 21 个治安派出所。

2. 辽宁省水利公安的经验

为提高水行政综合执法效能，辽宁省水利厅积极争取省政府主要领导和省公安厅的支持，于 2012 年 3 月由省机构编制委员会批复设立了省公安厅江河流域公安局，正处级建制，为省公安厅直属机构，实行省公安厅和省水利厅双重领导、以省公安厅领导为主的体制，核定执法专项编制 25 名。目前，辽宁省江河流域公安局已组建完成并与省水利厅合署办公，且近期配合省水政监察机构参与了多起水事案件的查处，收到了较好的效果，极大地提高了水行政执法的威慑力和执行力。

3. 各地水利公安工作的启示

（1）水利公安是维护流域水事秩序、水资源安全，推动地方经济稳定发展的重要保障。由黄河水利公安历经建立、撤销、又重新组建的过程，以及其他流域地区也开始成立水利公安机构的实践可以看出，组建水利公安是解决水事纠纷、查处水事违法案件、保障水行政工作执行、促进水资源管理的有效途径。

（2）水利公安队伍只有纳入公安系统编制，才具有执法能力。山东省水利公安建立以来的三个阶段表明，水利公安只有由公安部门成立，并纳入公安系统编制，才具有执法权，才能有效地查处水事案件，保障水行政执法的顺利开展。

4.3.3.3 塔河流域水利公安的作用和职责

1. 塔里木河流域水利公安的作用

水利公安机构对维护流域水管理范围内的社会治安秩序，维护法律、行政法规的执行，保障水行政执法工作的正常进行将起到重要作用，具体体现在以下几个方面。

（1）水利公安在维护流域社会治安中将发挥重要作用。水利公安担负着有效查处违反水法规案件、制止水事违法行为、保护水利设施、维护水法尊严的责任。对违反水法规，应当给予治安管理处罚的，依照《中华人民共和国治安管理处罚法》的规定予以查处，有利于营造流域范围内良好的社会治安环境。

（2）水利公安是维护水利设施、打击水事违法等刑事犯罪的重要机构。水利公安机构是一支主要处理水事案件的专业执法队伍。水利公安队伍的成员，既熟悉公安业务，又了解水利设施情况，一旦发生水事案件，能够运用特有的专业特长迅速掌握案情线索，集中力量，集中时间，及时有力地打击塔里木河流域内侵占、毁坏、盗窃、抢夺水利设施以及其他方面的犯罪活动。

（3）塔里木河流域水利公安机构，在同级公安部门的领导下，能够协助地方公安部门查处其他有关刑事案件。

（4）水利公安机构也是水法宣传的主要力量。广泛深入地宣传水法，是水利公安部门的一项经常性的工作。通过水法的宣传，可以增强人民群众的水法律意识，发动群众保护水利设施，同破坏水利设施的行为作斗争；通过水法宣传，威慑犯罪，预防犯罪，达到减少破坏水利设施的犯罪行为，维护国家重点工程的安全以及流域的社会秩序。

2. 塔里木河流域水利公安的职责

（1）预防、制止和侦查塔里木河流域水管理范围内的违法犯罪活动。

（2）维护塔里木河流域水管理范围内的社会治安秩序，制止危害社会治安秩序的行为。

（3）监督管理塔里木河流域水调及其他信息网络的安全监察工作。

（4）接受上级公安机关指令，协助当地公安机关侦破其他刑事案件。

（5）维护法律、行政法规的执行，保障水行政执法工作的正常进行。

（6）宣传水法，增强人民群众的水法律意识，维护各项水利法规，保障水利事业的发展。

（7）法律法规授予的其他职责。

3. 塔里木河流域水利公安管辖的案件范围

（1）决水、投毒等破坏河流、水源的案件（《刑法》第一百一十四条、第一百一十五条）。

（2）挪用救灾、防汛、抢险物资的案件（《刑法》第二百七十三条）。

（3）故意毁坏公私财物中毁坏水利工程及堤防、护岸、防汛、水文监测设施的案件（《刑法》第二百七十五条、《水法》第七十二条）。

（4）以暴力、威胁方法阻碍水行政执法人员执行职务的案件（《刑法》第二百七十七条）。

（5）煽动群众暴力抗拒法律、行政法规实施的案件（《刑法》第二百七十八条、《水法》第七十四条）。

（6）向水体排放、倾倒、处置废物、有毒物质或者其他危险废物的案件（《刑法》第三百三十八条）。

（7）违法捕捞的案件（《刑法》第三百四十条）。

（8）伪造、变造、买卖国家机关公文、证件案件中，伪造、买卖取水许可证、采砂许可证的案件（《刑法》第二百二十五条）。

（9）抢劫罪中抢劫水利工程、防汛、水文监测设备的案件（《刑法》第二百六十三条）。

（10）盗窃案件中，盗窃防汛物资，防洪排涝、农田水利、水文监测和测量以及其他水工程设备和器材的案件（《刑法》第二百六十四条、《水法》第七十三条）。

（11）抢夺案件中，抢夺防汛物资，防洪排涝、农田水利、水文监测和测量以及其他水工程设备和器材的案件（《刑法》第二百六十七条、《水法》第七十四条）。

（12）在水事纠纷发生和处理中的结伙斗殴案（《刑法》第二百九十二条、《水法》第七十四条）。

（13）在水事纠纷发生和处理中的煽动闹事案（《刑法》第二百九十三条、《水法》第七十四条）。

（14）在水事纠纷发生和处理中的非法限制他人人身自由案（《刑法》第二百三十八条、《水法》第七十四条）。

（15）违反国家规定，对计算机信息系统功能进行删除、修改、增加、干扰的案件（《刑法》第二百八十六条）。

4.3.3.4　塔里木河流域水利公安机构建设

1. 领导机构

建立水利、公安双重领导体制。水利公安机构设置以后，涉及治安、刑事等执法方面的工作受自治区公安厅领导；涉及塔里木河流域河道、水事方面的业务工作接受塔管局及相关部门的指导。对于民警，实行由水利部门自身考察任命，报公安部门备案的任免程序。由于水利派出所的很多工作需各州、县地方派出所的支持和配合，这方面只能由地方公安部门统一协调。

建立有权威的领导机构，全面领导和协调水利公安的工作。为协调好水利公安派出所与地方派出所以及地方司法部门的关系，建议成立由地方政府、公安、水利等有关部门成立的水利执法领导小组，这样才能处理好方方面面的关系。

2．体制结构及人员编制

自治区公安厅成立塔里木河流域水利公安处，编制为 $8\sim12$ 人，该机构派驻在塔管局。水利公安处的组建及设施配置标准应参考公安部门处级单位的设置。在塔管局下属的塔里木河流域巴音郭楞管理局、阿克苏管理局、喀什管理局、和田管理局、干流管理局、下坂地水库各设置 1 个水利公安派出所，每个派出所设编制 $5\sim7$ 人，配车 $1\sim2$ 辆，以上所需编制统一由自治区机构编制委员会批准到自治区公安厅。塔里木河流域水利公安机构设置如图 4.3 所示。

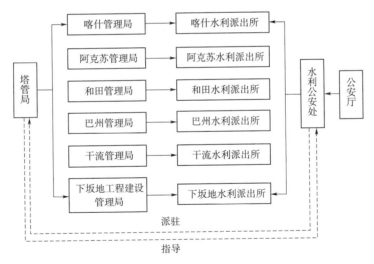

图 4.3　塔里木河流域水利公安机构设置图

3．经费保障

水利公安人员工作经费由自治区财政解决，塔管局在派出所装备、日常工作等方面提供经费保障。水利公安机构设置以后，涉及治安、刑事等执法方面的工作受自治区公安厅领导；涉及塔里木河流域河道、水事方面的业务工作接受塔管局及相关部门的指导。

4.3.3.5   塔里木河流域水利公安运行管理机制

（1）建立与水政监察合作机制。为充分发挥水利公安与水政监察队伍共同维护塔里木河流域水事安全和沿线治安秩序的职能作用，需对水利公安和水政监察机构的职责进行明确，对建立协作机制进行说明，要求双方在各司其职时要加强横向联系，协作配合，建立一套协作机制。

（2）建立水利治安协作联防机构，加强横向联系。由于流域河道水事案件常涉及地区边界或横跨几个地区，涉及相关县及流域机构的数个水利派出所和地方公安派出所，由于彼此间沟通不及时，造成发生的水事案件不能迅速查处。对此，建议设立水利治安协作联防机构，以上级水政机构为领导，水利公安派出所为主，地方公安机关为辅，并制定严密的协作联防章程，做到各负其责，相互协调运作。

（3）建立水利公安网络，做到专兼结合，警群共防。由于塔里木河流域覆盖地域广阔，水利公安警力不足，在加强水利派出所建设的同时，需要增设联防队员、水利治安员等水利治安协防群众，实行专兼结合，警群共防。

（4）实行局长负责制，妥善协调水政、水利公安的关系，保障水利公安的经费。水利公安与水政是水利执法的两支队伍。两者能否密切合作，关系到水利执法的成败。建议将两者视为平级对待，由水政的分管局长兼任派出所的指导员，有利于水政与水利公安的协调运作。派出所的工资应实行正规公安的工资体系。

4.3.4   加强执法能力建设

依法管理和保护水资源，维护社会的公共利益，是法律法规赋予水利部门的重要职责。塔里木河流域需进一步加强水行政执法，推进执法能力建设。要按照统一、精简、高效原则，推进水行政执法责任制，保证各项法律法规落到实处；加强执法监督检查工作，规范执法行为，提高流域水行政执法质量，有效促进取用水户节约用水，提高用水效率，努力实现水资源的可持续利用。具体建议如下。

（1）实行水行政执法资格考核认证制度，坚持持证上岗。防止不合格人员混入水行政执法队伍；同时实行执法证年审制度，如发现不能胜任执法的工作人员，应及时清除出水行政执法队伍。

（2）加强在岗水行政执法人员专业知识和法律知识的培训和学习，提高其业务素质。首先，水行政执法人员必须学习与掌握与水行政执法活动有关的专业知识，如水文、水土保持、水资源管理、水行政执法等知识；其次，应具备丰富的法律知识，主要包括两方面：①水法律法规知识；②与水行政执法密切相关的其他法律知识，如刑法、环境保护法、森林法、行政处罚法、行政诉讼法等。只有学好法，才能执好法，才能保证水行政执法行为的合法性，才能充分发挥法律武器的威力。

（3）加大投入，不断改善水行政执法人员的装备水平。水行政执法部门应配备必要的交通工具、通信工具，购置电脑、测量仪器、摄像机、照相机等现代化办公设备，订阅一些图书资料，统一着装等，以提高水行政执法人员的工作效率，保证准确办案、及时结案。同时，积极开展水法律法规的宣传教育，不断提高各级领导和群众遵法守法的自觉性。

（4）在塔里木河流域设置三级专职水政监察机构，即水政监察总队、水政监察支队和水政监察大队，其中水政监察总队设在塔里木河流域管理局。在总队下设若干个水政监察支队，具体可分别设置在干流管理处、巴音郭楞管理局、阿克苏管理局、喀什管理局、和田管理局和下坂地管理局。根据各水政监察支队的管辖范围等具体情况，在支队下设若干个水政监察大队。各级均参照公务员实行管理，工作经费列入自治区财政预算。

塔里木河流域水政监察队伍的主要职责如下。

1）宣传贯彻《中华人民共和国水法》《中华人民共和国防洪法》《新疆维吾尔自治区塔里木河流域水资源管理条例》等水法规。

2）保护塔里木河流域水资源、水域、水工程、水土保持生态环境、防汛抗旱和水文监测等有关设施。

3）对塔里木河流域内的水事活动进行监督检查，维护正常的水事秩序。对公民、法人或其他组织违反水法规的行为实施行政处罚或者采取其他行政措施。

4）对水政监察人员进行培训、考核，对下级水政监察队伍进行指导和监督。

5）受水行政执法机关委托，办理行政许可和征收行政事业性收费等有关事宜。

6）对流域内县市之间、地方与兵团之间的水事纠纷进行调查处理。

7）配合和协助公安和司法部门查处水事治安和刑事案件。

新疆维吾尔自治区塔里木河流域水政监察总队的主要职责任务是根据国家和自治区有关法律、法规和政策，受委托负责塔里木河流域内的水行政执法监督检查工作。

4.3.5　加强执法监督

4.3.5.1　定期发布公告

流域各管理局应定期向流域各县（市）及兵团师和有关部门发布年度、月用水计划执行情况公告。

4.3.5.2 巡回检查

流域管理局负责对流域水量调度执行情况进行监督检查。塔里木河各源流以及流域管理局各管理站负责辖区内调度执行情况的监督检查。

流域管理局及所属单位，应对流域内各县（市）及兵团师水量调度计划执行情况进行不定期巡回检查。水量非常调度期间应派出工作组对重要取水口进行重点监督检查。各县（市）、兵团师水利部门依据下达的用水指标，负责大河引水断面以下灌区水量分配管理工作并接受干流管理处的监督检查。水政监察科在所辖范围内实施巡回监督检查，按照"总量控制，过程管理"原则，在用水高峰时对主要取水口、固定泵站实施重点监督检查，确保调度指令的执行。

4.3.5.3 追究责任制

水管工作人员执行水量调度后，由水政监察科监督执行水量调度过程。水管工作人员若有不执行调度指令、弄虚作假、瞒报用水量的，经查实，依据有关规定，追究当事人责任。

监督检查人员在进行监督检查时，应当出示合法有效的行政执法证件。有关单位和个人对监督检查工作应当给予配合，不得拒绝或者阻碍监督检查人员依法执行公务。可以采取下列措施：

（1）要求被检查用水单位提供有关文件和资料，进行查阅或者复制。

（2）要求被检查用水单位就水量调度有关问题进行说明。

（3）进入被检查用水单位，进行现场检查。

（4）对取（退）水量、固定泵站及干流沿线流动泵站进行现场监测。

4.3.6 成立子流域水资源管理协商委员会

水资源统一调度涉及多个部门，既关系到人民群众，也需要各级政府和有关部门的大力配合，以及整个社会的参与和支持。各相关部门及地（州）政府需要加强沟通协调，密切配合，建立健全部门协作机制，加强对水资源统一调度的保障，提高全社会的参与程度，做到切实反映千家万户的利益。

为了使流域管理更加宏观综合、区域管理更加微观具体，明确流域管理体制，协调机构的职责，应成立子流域管理协商委员会。

子流域管理协商委员会是流域管理体制中的公众参与和协商机构，用水户通过它表达自己的意见，维护自己的权益。塔管局通过它取得用水户对其政策措施的认同和支持，有利于改进管理、提高效率和增进效益。

4.3.6.1 子流域水资源管理协调委员会的组织机构

子流域水资源管理协调委员会作为协调、监督和政策咨询机构，首先，机构设置要独立于塔里木河流域管理局各子流域管理局；其次，其成员构成要有权威性和代表性，可以仿照塔里木河流域水利委员会的组成，并经过改组扩充，即除了自治区的各地（州）政府和兵团领导、水行政主管部门及塔管局人员以外，还要广泛吸收专家学者、地方水利工作者、用水户代表等参加；最后，要有严谨的工作制度，塔管局重大决策须交付流域管理理事会讨论，征求其意见，甚至要通过它表决通过。

4.3.6.2 建立子流域水资源管理协调机制

成立子流域水资源管理协调委员会，联合发展和改革委员会、经济和信息化委员会、财政局、国土局、环保局、住建局、交通局、水利局、农业局、林业局、物价局等相关职能部门，及流域内各地（州）人民政府为委员的单位成员，强化流域管理的部门协调和行政区域协调。子流域管理协商委员会的日常工作由各地区水利局承担。

4.3.6.3 明确子流域管理协调机构职责

严格遵守《新疆维吾尔自治区塔里木河流域水资源管理条例》《塔里木河水量调度管理条例》。

4.3.6.4 明确子流域水资源管理协调委员会与区域管理的关系

流域管理事务性工作由流域管理协调委员会统一负责，区域性工作在区域规划服从流域工作的前提下，由区域管理。流域内涉及水资源开发利用节约保护的重大事务，交由流域管理协商委员会讨论决定，充分听取和考虑有关各方面的意见和建议，以实现水资源管理的科学依据和民主决策。流域管理协商委员会的中双方或多方间通过定期或不定期召开工作联席会议，交流信息、通报情况、协调解决问题。

4.3.6.5 建立联合监督检查机制

流域管理协商委员会办公室可根据流域管理工作的实际需要，组织有关部门和各地（州）人民政府联合开展监督检查，检查中发现的违法行为应责令依法处理，并负责监督落实。

4.3.6.6 建立流域管理重大行政事项听证机制

对涉及流域重大事项，按程序召开听证会，充分听取相关代表的意见和要求，以保证决策的合法与合理性，保障社会公众的合法权益。

第5章

塔里木河流域统一调度经济保障研究

经济措施是保障塔河流域水资源统一调度工作可持续开展的长效机制之一。随着流域水资源统一调度相关法律法规、管理体制、行政保障等措施的日臻完善，经济保障措施不到位的问题日益凸显。本章主要针对水资源统一调度经济保障措施方面存在的问题，通过调研了解塔河流域"四源一干"现行水价标准以及水资源费征收情况，分析塔河流域统一调度经济保障存在的问题；从完善水价形成机制、建立生态补偿机制以及建设水权市场等方面，提出了相应的经济保障措施建议。

5.1　流域统一调度经济保障现状及存在的问题

本节主要介绍塔河流域"四源一干"现行水价标准以及近几年水资源费征收情况，在塔里木河流域统一调度经济保障现状调研的基础上，提出了塔里木河流域统一调度经济保障方面存在的问题。

5.1.1　"四源一干"流域区现行水价标准

塔里木河流域水资源紧缺和浪费现象并存，然而现行水价并没有反映出水资源的稀缺性。流域内农业水价、工业水价、生活水价等普遍偏低，尤其体现在农业水价上，塔里木河流域99％以上是农业用水，农业水价大致经历了20世纪80年代以前的低价、八九十年代的小幅调整和90年代以后的快速大幅调整三个阶段。目前流域内农业水价基本在 $0.01\sim0.03$ 元/m³，虽然逐步接近成本价，但有的地区远未达到成本价。本小节主要介绍了"四源一干"流域区内现行水价标准。

1. 干流管理局

农业水价：现行水价为 0.019 元/m³。

牧业草场用水价格：0.001 元/m³。

工业消耗水供水价格：0.3 元/m³（不含水资源费），贯流水供水价格为 0.1 元/m³（不含水资源费）。

旅游业、建筑业等经营性用水价格：0.6 元/m³（不含水资源费）。

另外，经自治区批准实施的《关于塔里木河干流区供水价格有关问题的通知》中规定，对干流超额用水实行累进加价，即超过规定限额 20% 以内（含 20%）的部分，按照上述水价的 2 倍计收水费；超过规定限额 20% 以上的部分，按照上述水价的 4 倍计收水费；未经自治区人民政府批准，对擅自挤占生态用水的单位和个人，按照上述水价的 10 倍计收水费。

2. 阿克苏河流域管理局

农业水价：0.02 元/m³，其中流域管理局既管工程又管配水的灌区按水价标准的 35% 分成，即 0.007 元/m³，不管工程只管配水的灌区按 15% 分成，即 0.003 元/m³。

3. 叶尔羌河流域管理局

农业水价：0.01 元/m³，供水水价执行喀什行署《关于批转喀什地区水利工程水费计收标准和管理使用办法的通知》（喀署发〔1996〕50 号）文件。另外，按照喀什行署的有关规定在水费中加收部分水费用于偿还世行一、二期贷款。还贷及配套水费均由水利部门负责征收后，缴入当地财政部门的还贷专户内。因此，叶尔羌河流域各县（市）引用地表水的综合水价为：叶城县 0.016 元/m³，泽普县 0.018 元/m³，莎车县 0.016 元/m³，盖提县 0.021 元/m³，巴楚县 0.017 元/m³。

水电站水价：水电站水费一律按实发电量计算水费，为 0.025 元/（kW·h）。

城镇生活及工业用水水价：城镇生活、卫生绿化用水 0.005 元/m³；建筑用水（净）0.1 元/m³；工业用水（工厂、火电厂、砖厂、水厂等）0.08 元/m³；泽普石油基地用水（综合水价）0.08 元/m³；水塘、水碓 0.0005 元/m³。

渔业生产用水水价：人工引灌鱼池（净）0.03 元/m³；水库养鱼可按水产总产值的 4% 收取水费。

4. 和田河流域管理局

农业水价：流域内各用水单位的农业水价为河口水价，标准为皮山县 0.033 元/m³，墨玉县 0.0308 元/m³，和田县 0.025 元/m³，和田市 0.0335 元/m³，洛浦县 0.025 元/m³，224 团执行皮山县的水价标准为 0.033 元/m³。

5. 巴州管理局

农业水价：巴州开都河为 0.0557 元/m³，其中巴州管理局收 0.0262 元/m³；孔雀河为 0.0785 元/m³，其中巴州管理局收 0.0544 元/m³；独立灌区为 0.0403 元/m³；超出指标的供水按农业水价的 2 倍计收。

工业水价：工业消耗用水按 0.2 元/m³ 计收，循环用水按 0.03 元/m³ 计收。

其他用水：牧区牲畜用水，按标准畜（绵羊单位）计收水费，每只羊每年计收 1.0 元；水产养殖按人工养殖水面面积计收水费，利用天然湖面人工养殖的水面按每年 4.0 元/亩计收，引用地表水池塘养殖的按农业水价计收水费；芦苇按每年 10 元/t 计收水费，由芦苇管理单位收取后上缴州级水管部门，水管部门从上缴水费中返还 2％作为手续费，人工育苇引用地表淡水灌溉的，执行农业用水水价标准；生态林按自治区人民政府规定界定后，免收水费，每年生态林每年核定毛灌溉定额为 450m³/亩，超灌溉定额用水按农业水价计收水费；城镇建筑及经营性用水按 0.5 元/m³ 计收水费，城镇绿化用水按农业用水标准计收水费。

5.1.2　流域水资源费征收情况

1. 阿克苏河流域管理局

阿克苏河流域管理局为自收自支的事业单位。阿克苏河流域管理局既管工程又管配水的灌区按水价标准的 35％分成，不管工程只管配水的灌区按 15％分成。

阿克苏河流域管理局水费总收入 2008 年为 2275.52 万元，2009 年为 2626.07 万元，2010 年为 2461.18 万元；实际由阿克苏河流域管理局支配使用的水费资金为：2008 年 1934.19 万元，2009 年 2232.16 万元，2010 年 2092 万元。

2. 叶尔羌河流域管理局

叶尔羌河流域管理局为自收自支的事业单位。水费在各级水管单位间的分配情况是：地区水费总额中的 30％，用于建立地、县两级水利建设基金〔用于地区和县（市）水利水电建设前期及配套等〕，其余 70％部分中的 35％由各县（市）水管单位上交流域管理机构；70％部分中的 65％留各县（市）水管单位。流域管理机构水费收入的 6.5％及各县（市）水管单位自留水费的 3.5％上缴地区，用于地区重点水利水电前期、防洪、工程建设配套以及弥补地区水利局机关事业经费的不足。

叶尔羌河流域管理局水费总收入：2008 年为 5019.86 万元，2009 年为 3338.27 万元，2010 年为 4352.67 万元；实际由叶尔羌河流域管理局支配使用的水费资金为：2008 年 4693.57 万元，2009 年 3121.28 万元，2010 年 4069.75 万元。

3. 和田河流域管理局

和田河流域管理局为自收自支的事业单位。和田河流域管理局只收取水利工程运行管理费，收费标准是：流域内各用水单位的水价标准达到 1997 年的供水成本价 0.0285 元/m³ 以上，和田河流域管理局按 8％的比例收取，达不到 1997 年供水成本价的，按 10％的比例收取，224 团和皮山县皮亚曼乡按 50％的比例收取。最终，和田河流域管理局还要将征收水费总额的 5％上交地区水利局。

和田河流域管理局水利工程运行管理费总收入 2008 年为 883.95 万元，

2009 年为 719.19 万元，2010 年为 876.17 万元；实际由和田河流域管理局支配使用的资金为：2008 年 839.75 万元，2009 年 683.23 万元，2010 年 832.36 万元。

4. 巴州管理局

巴州管理局为自收自支的事业单位。在水费的使用中，巴州管理局上缴巴州水利局的水费为每年应征收水费的 50%，独立灌区上缴巴州水利局的水费为每年应征收水费的 15%，用于重点水利工程建设、水利前期费统筹及还贷。

巴州管理局水费总收入 2008 年为 8326 万元，2009 年为 8150.9 万元，2010 年为 8034.7 万元；实际由巴州管理局支配使用的水费资金为：2008 年 4181 万元，2009 年 4075.45 万元，2010 年 4017.35 万元。

5.1.3 存在问题

长期以来，塔里木河流域内各地生产力发展水平差别较大，尚未形成合理的水价形成及调节机制，加上农业用水是流域内用水主要组成，致使水价偏低、供水成本倒挂，供水缴费脱节、调度失控，与优质、高产、高效农业对水利工作的要求差距很大。现归纳起来，主要存在以下几个方面的问题。

1. 水价形成机制不完善

塔里木河流域缺水和浪费水现象并存的原因是多方面的，其中供水价格的不合理是主要原因之一。塔里木河流域特别是南疆三地（州）各灌区水价普遍较低，均未达到水利工程供水成本价。例如，塔河干流区农业水价由原来的 0.0039 元/m³ 调整到现在的 0.019 元/m³，提高了近 5 倍。但按农业供水成本计算，塔河干流供水成本价应为 0.0266 元/m³，现行水价仍低于成本价。

塔河流域现行水价偏低，主要是由于自身的特点，各地生产力发展水平差别较大，至今尚未有科学、合理的水价形成机制，水价体系没理顺，只把水利工程供水作为一种事业性收费，没有真正纳入商品范畴进行定价和管理。供水成本不完全，影响供水价格的制定，水价结构不合理，塔河上下游水价关系不顺，水价整体水平偏低，经济杠杆作用难以发挥。

2. 水价调整机制不灵活

水价定价难，调价更难，水价多年不变。塔河各源流管理机构执行的水价分别以下标准制定：巴州是 2001 年的供水成本，阿克苏地区是 1998 年的不完全供水成本，叶尔羌河是 1996 年的不完全供水成本，和田河是 1997 年的不完全供水成本。在市场经济条件下，物价随其他生产要素价格逐年变化，水利工程也在逐年增加，而供水水价的调整速度却很慢，有的甚至十几年没有调整，并且现行水价都没有达到当时的水利工程供水成本水价。

近几年来自治区北疆地区根据《水利工程供水价格管理办法》都进行了水

价调整。由于南疆地区对水资源的商品属性缺乏足够的认识，加之农业供水所面对的是农民、农村和农业，因此，政府对农业水价的改革与调整，更多地从农民承受能力考虑，而较少地关心和考虑水管单位的实际利益，特别是一些部门和领导误把调整水价与增加农民负担等同看待，不惜采用行政干预手段压低水价标准，限制正常提价。因此，南疆大部分地区的农业供水价格没有得到调整，导致农业水价不足2000年水价成本的46.7%，过低的水价使得水管部门只能勉强维持日常运转，工程管养经费严重不足，导致工程得不到有效的维修养护，更加无力对水利设施进行大修和新建，从而进一步降低了供水效率，农田水利设施不能实现良性运行。水价与成本严重背离，水资源的资源价值以及水的商品属性不能充分体现，极大地淡化了节水的利益驱动机制，导致农民的节水意识不高，用水效率低下，造成了水资源的浪费。

3. 超限额用水累进加价制度实施困难

《水法》和《条例》中明确规定"用水实行计量收费和超定额累进加价制度"，但只有在2010年10月，自治区批准实施的《关于塔里木河干流区供水价格有关问题的通知》中才规定，对塔里木河流域干流超额用水实行累进加价，即超过规定限额20%以内（含20%）的部分，按照上述水价的2倍计收水费；超过规定限额20%以上的部分，按照上述水价的4倍计收水费；未经自治区人民政府批准，对擅自挤占生态用水的单位和个人，按照上述水价的10倍计收水费。除塔里木河干流区以外，自治区层面还没有出台其他各源流区相关具有可操作性的实施细则或规范性文件，仅靠流域管理机构推行实施，缺乏政策保障，也使得其他地区实施超限额用水累进加价制度困难大。

4. 缺乏有效的利益调节机制以及生态用水补偿机制

随着新型工业化、城镇化、农牧业现代化进程加快，用水权重增大，将出现工业用水挤占农业用水，城市用水挤占农村用水，种植大户挤占农户用水的现象。由于水价补偿机制不健全，被挤占的农民用水权益得不到保障。其次，塔里木河流域的生态环境问题主要是由于源流及干流上中游抢占挤占下游的生态用水，目前生态输水虽然起到了恢复生态环境的作用，但长期生态用水保障的问题未得到解决，而且流域未来人口增长和经济发展还将使流域生态环境用水被进一步挤占，但目前对这种行为还没有相应的对策措施，通常还仅限于以行政手段加以干预和制止，缺乏与抢占挤占生态用水获益者利益相挂钩的刚性约束机制与利益补偿机制，抢占生态用水几乎没有成本，对抢占挤占生态水的行为遏制不力。

5. 没有建立塔里木河流域水权转让市场

长期以来，我国主要通过行政手段来配置水资源。在这种模式下，水价不能反映水资源的稀缺程度，浪费与紧缺并存，供需矛盾日趋尖锐。在水资源日益稀缺、市场经济不断完善的形势下，旧的配置方式不能有效协调水资源的供需矛盾，必须进行改革，建立水权转让市场，通过水权转让达到资源优化配置的目的。

塔里木河流域目前还没有建立水权转让市场，水价过低，水资源浪费与紧缺并存，源流与干流、上游与下游、地区与地区、生产用水与生态用水之间的矛盾尖锐。解决这些矛盾的一个有效办法就是明确水权，并且建立塔里木河流域水权转让市场，通过水权转让重新配置现有的水资源，以期达到水资源的优化配置，提高水资源利用效率，实现水资源可持续利用的目的。

5.2　流域水价形成机制研究

5.2.1　水价组成及其作用

从塔里木河流域当前形势和发展前景来看，水资源短缺已成为制约当地国民经济和社会发展的重要因素。现代经济学产生于资源的稀缺性，而价格正是资源稀缺性的指示器，同时也是稀缺资源优化配置的调节杠杆。目前的水资源形势是资源性的短缺与使用上的浪费并存，而且流域水价低，因此合理的水价是节水的关键，也是保证流域水资源统一调度实施的有力经济保障措施之一，为此，建立合理的水价形成机制，不但是重中之重，而且是当务之急。

当前对水资源价值的认识主要基于效用价值论和劳动价值论。效用价值论认为水资源的价值最终由资源的效用性和稀缺性共同决定；劳动价值论则强调以水资源所凝聚的人类劳动作为确定水资源价值的基础。自然状态下的水资源经工程措施实施蓄、引、输、调、制、配之后，其使用条件和质量均发生改变，形成了水商品。在市场经济的大背景下，水资源作为具有多种用途和多重特性的重要资源，必须实行有偿使用。

完整的水价，包括资源水价、工程水价和生态环境水价，水资源配置较好的发达国家都实行这种机制。

1. 资源水价

资源水价是体现水资源价值的价格，是水权在经济上的表现形式，资源水价取决于水资源的稀缺程度，是对水资源稀缺程度的货币评价，它是用来调节人和自然约束的关系，本质上反映了当地水资源的稀缺程度。各地水资源分布不均，稀缺程度不一样，资源水价就不同。稀缺程度高的地区，资源水价高，稀缺程度低的地区，资源水价低。

资源水价卖的是使用水的权力，具体表现为水资源费或水权。在我国，水资源的所有权归国家所有，所以资源水价是指水的使用权。水权的定价受到需水、供水、水资源总量三个因素的影响，需要根据实际情况合理调整。

2. 工程水价

工程水价就是通过具体的或抽象的物化劳动把资源水变成产品水，使之进入市场成为商品水所花费的代价，包括勘测、设计、施工、运行、经营、管理、维护、修理和折旧的代价，具体体现为供水价格。工程水价由供水成本、利润和税金三部分组成。供水成本包括供水生产成本和费用。供水生产成本是指正常供水生产过程中发生的直接工资、材料费、折旧费、修理费等；费用是指为供水生产而发生的管理费用等；利润和税金是指供水获得的合理收益和应向国家交纳、并可计入水价的税金。

工程水价存在以下三个层次的内涵：

第一层次为不回收固定资产投资（特别是国家投资部分），不支付贷款利息，只维持工程简单的运行维护及管理的补贴水价。这一层次的水价在农业水价和经济欠发达地区水价制定中较为常见。

第二层次为将偿还固定资产投资、支付利息、提取折旧，计入工程的运行维护及管理费用，但不考虑固定资产的重估及物价上涨的影响，即实现简单再生产以后的水价。

第三层次为工程按照还本、付息、提折要求，考虑维持原工程运行维护管理的客观需要，并计入供水生产投资利润，通过提高管理水平，降低生产成本，获取供水生产的垄断利润和超额利润，使供水生产部门依托供水生产服务，实现扩大再生产或滚动发展的目标。这一层次的水价只能在少数经济发达地区才能实现。

3. 生态环境水价

生态环境水价就是经使用的水体排出用户范围后污染了他人或公共的水环境，为污染治理和水环境保护所需要的代价，具体体现为污水处理费。

环境水价卖的是环境代价。环境代价体现在四个方面：一是用水对环境的破坏，尤其是过度用水（如超采地下水）；二是废水给社会、经济和环境等各方面带来的损失；三是污水排放者排放的污水对水资源财富所有权的侵害；四是废水排放时应该交付的各种费用，如排水设施有偿使用费、污水处理费等，作为水污染治理的投资。

可见，制定流域合理的水价非常重要，通过征收水费解决工程运行管理人员不足、工程的维修养护经费不足、拖欠和工程带病运行、大部分工程老化失修、供水效率较低等问题。流域应制定新的水利工程供水价格调整管理办法，每五年为一个调整周期，定期调整供水价格，使水价适应供水工程固定资产的变化及其运行、维修养护管理的实际情况。调整农业供水水价达到成本水价，其他方面的供水水价不但要反映供水成本，还要有一定盈利能力，以保证供水工程的维修、更新的基本需要。水价的提高，促进地方管理部门树立节水意识，有利于节水事业在流域内快速发展。

5.2.2　水价制定原则与依据

5.2.2.1　制定原则

塔里木河流域水价的形成机制是否合理，首先就要看它能否起到调控塔里木河水资源、促进优化配置和节约用水的作用；其次要看它是否有利于正确处理供水单位、用水户及相关各方的利益关系。

水价的形成机制具有区别于一般商品的特点，制定水价时一般考虑以下基本原则。

1. 公平性原则

水价的制定必须使所有人都有能力承担支付生活必需用水的费用。在强调减轻绝对贫困、满足基本需要的同时，水价制定的公平性原则还必须注意定价的社会问题，即水价将影响社会收入分配等。除了保证人人都能用水外，价格的公平性也必须体现在不同的用水户间，即保证用水户的支付与其所享用的供水服务相等。

2. 差别性原则

水资源时空分布极不均匀，各地区经济发展水平、用水户的承受能力和输水距离也不相同，因此水价标准也应有所不同。不能在调水地区实行统一的供水价格标准，要根据成本核算，就地定价，体现商品水价格的区域差别。除此之外，这种差别性还表现在：因用水时间不同，水价标准不同；因供水保证率与水质不同，水价标准不同。

3. 水资源高效配置原则

水资源是稀缺资源，其定价必须把水资源的高效配置放在十分重要的位置。只有水资源高效配置，才能更好地促进国民经济的发展。即只有当水价真正反映生产水的经济成本时，水才能在不同用户之间有效分配。

4. 成本回收原则

当水费收入能保证工程的成本回收时，才能维持工程的正常运行。合理的水价应能回收工程的供水成本，这样才能保证工程的正常运转。

5. 定额用水超额加价原则

无论是工业用水、生活用水，还是农业用水，要开发节水的潜力，实行定额用水，超额加价，以此来鼓励节约用水。

6. "适时调整"原则

需要建立调价机制，根据来水量、供水量和供水成本的变化情况，适时调整水价。

5.2.2.2　制定依据

（1）《中华人民共和国水法》（2002年10月）

（2）《水利工程供水价格管理办法》（2004年1月）

（3）《中共中央国务院关于加快水利改革发展的决定》（中发〔2011〕1号）（2010年12月）

（4）《中华人民共和国价格法》（1998年5月）

（5）《水利工程管理体制改革实施意见》（2002年9月）

（6）《国务院办公厅关于推进水价改革促进节约用水保护水资源的通知》（2004年）

（7）《水利工程供水定价成本监审办法（试行）》（2006年2月）

（8）《水利工程供水价格核算规范（试行）》（2007年11月）

（9）《取水许可和水资源费征收管理条例》（2006年4月）

5.2.3　国内水价形成机制案例对塔里木河流域的启示

5.2.3.1　案例分析

1. 南水北调工程水价形成机制

南水北调工程水价形成机制要遵循价值规律的要求，水价既要反映水资源稀缺性、消费者的支付意愿和供水成本；又要符合南水北调工程的实际，考虑受水区的现状和经济社会发展。水价既要保证工程的良性运行，做到补偿成本费用、偿还贷款，又必须考虑用水户的承受能力。

（1）水价形成机制应体现的基本原则。

以提高水的利用效率为核心制订水价的原则；受益者付费原则；合理负担原则；同一用户、同质同价原则；不同行业不同水价原则；定额用水、超定额用水累进加价原则；价格调整原则；用户参与原则。

（2）水价形成机制。

一是以成本为基础，满足还贷要求，不同输水距离实行不同水价。供水水价按照满足保本、还贷的要求测算，保证补偿供水成本，满足工程的运行需要。分水口门水价要根据"保本、还贷、微利"原则确定，既考虑市场经济的原则要求，又充分考虑用水户的承受能力。

二是实行基本水价和计量水价相结合的"两部制"水价制度。两部制水价能保证工程基本运行要求，减少工程供水量受水文随机性影响带来的经营风险。基本水价按补偿供水直接工资、管理费用和50%的折旧费、修理费的原则核定，不论实际供水量如何变化，按照工程设计时各城市承诺的需调水量也就是工程供水的设计容量计算基本水价；计量水价按实际用水量交纳计量水费，用于补偿工程运行的变动成本和收益。

三是适时调整水价。南水北调工程供水周期长，要根据供求关系变化和供水成本、费用的变化情况，适时调整水价。在设计南水北调工程水价调整机制时，从整个工程运行周期统筹考虑，按照满足工程运行时现金流量平衡和还贷期内还本付息以及与当地水价协调的要求，应设计前低后高的水价。

2. 小浪底工程水价形成机制

小浪底是一座以防洪防凌，减淤为主，兼顾供水、灌溉、发电，除害兴利，综合利用的水利枢纽项目。小浪底水利枢纽的供水任务包括库区供水和通过河道及黄河下游引黄渠首工程向黄河下游沿黄城市工业及生活供水、沿黄地区农业灌溉供水。

（1）小浪底工程水价制定原则

遵循市场价值规律和供求规律的原则；成本补偿、合理收益、公平负担的原则；优化配置、统筹安排的原则；节水增效的原则。

（2）小浪底工程水价的构成

小浪底水价由供水成本、费用、税金、利润构成。粮食作物用水价格由供水成本、费用构成；经济作物和水产养殖用水价格由供水成本、费用加微利构成；工业及生活用水价格由供水成本、费用、税金、合理利润构成；贷款兴建的供水工程水价按照成本、费用、税金、合理利润以及还本付息的要求核定。

3. 引洮供水工程水价形成机制

以定西为代表的甘肃省中部地区，水资源极度匮乏。人均水资源可利用量及亩均占有水资源量远低于全国平均水平。建设洮河九甸峡水利枢纽及引洮供水工程是解决甘肃中部地区水资源短缺矛盾，改善生态环境，促进经济社会可持续发展的重要举措。

引洮工程的实施为实现水资源优化配置提供了前提条件，为保证该工程建成后供水区和工程本身都能取得预期的效益，防止建成后工程难以运行，必须提出保证工程良性循环的水价形成机制等措施，因此分析研究引洮工程的水价形成机制对引洮工程的规划、建设和营运至关重要。

引洮供水工程水价形成机制如下：

（1）通过对引洮工程供水各环节水价的测算和对用水户承受能力的分析，得知引洮工程供农业用水水价超过了农业承受能力，城镇用水水价低于可承受水价。

（2）供工业用水水价按照成本加合理利润核定。

（3）供农业用水水价则要根据农民的承受能力进行核定。

（4）由于引洮工程项目公益性强，贷款能力差，建设资金需要国家财政性资金解决。

4. 引黄入晋工程水价形成机制

山西省属严重缺水地区，水资源缺乏已严重制约了山西省和太原市经济社会发展。同时由于长期超采地下水，导致了严重的环境问题。随着经济发展和人民生活水平的提高，现有水资源已不足以支撑山西省和太原市国民经济和社会可持续发展。兴建引黄入晋工程，实现跨流域调水是山西省经济和社会发展的必然选择。

引黄入晋工程水价形成机制如下：

（1）引黄入晋工程投资大，贷款的比例较高，还本付息的负担较重。由于引水渠道长、扬程高，运行成本较高，按照成本加合理利润计算出的水价远远超过现行水价，超过了人们目前的价格承受能力。即使按供水成本制订的水价也超过用水户承受能力。

（2）需要提出切实可行、兼顾各方利益、有利于该地区经济发展的水价方案。

（3）采取适当措施，分担引黄工程供水成本和费用。制订和实施合理的工程投资政策，调整优化引黄入晋工程的投资结构。引黄工程通水后，要用引黄工程供水置换超采地下水。

（4）根据用水户承受能力、供水成本和政府分担供水成本的措施设计水价方案。

（5）逐步调整水价。

5.2.3.2　启示与经验

（1）水利工程供水水价的确定是与区域市场经济的发展进程密切相关，将随着有关水价政策的变化而不断完善。

当前，有偿供水已被社会普遍接受，水价水平得到不同程度的提高，水价形成机制也在逐步完善。

（2）应该按照我国有关的政策法规制定水利工程供水水价，虽然政策法规也在不断地变化，但当前的政策法规是确定水利工程供水水价的主要依据。

（3）在水利工程供水水价形成和测算时，必须考虑工程性质、供水对象、用水户承受能力等具体情况，只有充分与实际情况相结合，才能制定出切实可行的水利工程供水水价。

（4）水利工程供水水价必须随着物价水平、水资源稀缺程度等外部条件的变化而不断调整。

5.2.4　塔里木河流域合理水价机制的建立

塔里木河流域内以农业用水为主，当地政府为了降低农民负担，更多地强额用水累进加价制度的文件，因此，需将超限额累进加价制度推行至全流域以及各行业用水方面，作为水价体制改革的一个重要方面进行完善。

四源流地区可效仿干流区进行超限额累进加价制度的实施：超过规定限额20％以内（含20％）的部分，按照当地水价的2倍计收水费；超过规定限额20％以上的部分，按照当地水价的4倍计收水费；未经自治区人民政府批准，对擅自挤占生态用水的单位和个人，按照当地水价的10倍计收水费。由于在水价形成机制中，对水价的制定已经考虑了分行业、分区域、分类型的不同标准，所以在超过限额加价的部分应按照各自行业类型的水价标准执行。另外，需要考虑到各源流地区水资源的稀缺程度以及经济发展状况，来制定具体的收费标准。

除了在农业、工业等行业实施超限额累进加价制度以外，对城镇生活用水也可以推行阶梯式计量水价制度。2012年8月，自治区发改委、财政厅、水利厅、住建厅制定的《关于推进自治区水价综合改革的实施意见》中指出，自治区将于2015年全面实施居民生活用水阶梯水价制度，阶梯式水价制度分为三档，第一档为基本水量，其价格按照定价执行；第二档水量为基本水量的2倍，其价格按照规定价格的1.5倍执行；第三档水量为基本水量的3倍及以上，其价格按照规定价格的2倍执行。基本水量按照保证当地中等收入家庭月用水量，并适当留有余地的原则确定，具体实施办法由各城市价格主管部门会同有关部门制定。

目前自治区内乌鲁木齐市自2003年起开始推行阶梯式水价，在具备抄表到户的前提下，阶梯式计量水价分为三级，级差1：1.5：2，初级水价为2.1元/m³（不含污水处理费），居民每人每月用水量小于4m³执行第一级水价；大于4m³且小于6m³的执行第二级水价；超过6m³以上部分执行第三级水价。塔河流域可以参照乌鲁木齐市的做法，考虑不同城市居民用水情况制定出合理的阶梯式水价制度。

通过在塔里木河流域大力推行超限额累进加价制度，可以有效提高全社会的节约用水意识，提高用水效率和效益，建立合理的水资源价格机制，促进以水资源健康可持续利用为核心的水价形成机制和水价体系，使塔里木河流域水价体制改革更加全面到位。

5.3　流域生态补偿机制建立研究

5.3.1　建立塔里木河流域生态补偿机制必要性分析

长期以来，塔里木河流域源流与干流、上游与下游、经济社会与生态环境用水矛盾十分突出，地方与兵团之间水事纠纷频发不断，流域生态环境退化现象十分严重。流域生态系统退化的根源是流域发展过程中的人为干扰，水资源受到过度开发，其所带来的环境干扰引发生态退化，成为流域可持续发展的重大障碍，严重威胁流域发展安全，增加经济建设成本，导致了生态恢复重建与社会经济发展的矛盾激化。

目前，塔里木河流域水资源管理存在的突出问题之一是抢占生态用水，胁迫流域生态环境。这个突出问题反映了目前在塔里木河流域水资源管理和生态保护方面还存在着一些政策缺位，特别是有关流域生态建设和水资源管理的经济政策严重短缺，使得生态效益及相关的经济效益在保护者与受益者，受益者与受害者之间的不公平分配，导致了受益者无偿占有，未能承担破坏生态的责任和成本；受害者得不到应有的经济补偿，挫伤了节约用水和保护生态的积极性。这种生态保护与经济利益关系的扭曲，不仅使流域的生态保护和水资源管理面临很大困难，而且影响了地区之间以及利益相关者之间关系的和谐。

通过建立塔里木河流域生态补偿机制，实施相应补偿政策，可以对塔里木河流域内部分地（州）、兵团师和其他用水单位抢占挤占生态水的情况，实施强制性补偿的政策措施。目前，由于没有有效的制约机制和刚性的政策措施，针对抢占挤占生态水的问题，塔委会只能按相关法规对其进行轻微的罚款。由于这种象征性罚款的数额与其多引水带来的经济收益和水费收入不成比例，根本无法起到惩戒作用。抢占挤占生态用水的地（州）、兵团师和其他用水单位不仅没有受到教育、惩戒，反而因多占用水得到了更多经济收益和直接的水费收入。这种生态保护与经济利益关系不协调，使塔里木河流域原本脆弱的荒漠生态和经济贫困面临更严峻的困难和挑战。因此，建立生态补偿机制，实施相应补偿政策，是塔河流域水资源统一调度经济保障体制的重要措施之一。

5.3.2　生态补偿机制理论

1. 流域生态补偿的概念与内涵

生态补偿的定义，众说纷纭，且不同学者有着不同的理解和阐述。到目前为止，还没有一个标准的、统一的定论。《环境科学大辞典》给出的一个"自然生态补偿"的定义为："生物有机体、种群、群落或生态系统受到干扰时，所表现出来的缓和干扰、调节自身状态使生存得以维持的能力，或者可以看作生态负荷的还原能力"；或是自然生态系统对由于社会、经济活动造成的生态环境破坏所起的缓冲和补偿作用。但更多情况下，则将生态补偿理解为一种资源环境保护的经济手段；将生态补偿机制看成调动生态建设积极性、促进环境保护的利益驱动机制、激励机制和协调机制。

国内近几年对生态补偿的研究较多，有学者认为从狭义的角度理解，生态补偿就是指对人类社会经济活动给生态系统和自然资源造成的破坏及对环境造成的污染的补偿、恢复、综合治理等一系列活动的总称。广义的生态补偿还包括对因环境保护丧失发展机会的区域内的居民进行的资金、技术、实物上的补偿和政策上的实惠，以及增进环境保护意识，提高环境保护水平而进行的科研、教育费用的支出。将征收生态环境补偿费看成对自然资源的生态环境价值进行补偿，认为征收生态环境费（税）的核心在于：为损害生态环境而承担费用是一种责任，这种收费的作用在于它提供一种减少对生态环境损害的经济刺激手段。

在 20 世纪 90 年代前期的文献报道中，生态补偿通常是生态环境加害者付出赔偿的代名词；而 90 年代后期，生态补偿则更多地指对生态环境保护、建设者的财政转移补偿机制，例如国家对实施退耕还林的补偿等。同时出现了要求建立区域生态补偿机制，促进西部生态保护和恢复建设的呼声。

随着经济、人口与社会的快速发展，自然生态环境已经处于"超负荷"状态。其自我修复能力如果得不到补偿就会逐渐衰退甚至丧失。人类已经意识到了这一点，为了自身与后代的生存和发展，开始不断加强生态环境与资源的保护，以实现生态环境的和谐发展和资源的可持续利用。因而，相应地，我们可以把已经融入当代社会人文精神的生态补偿概念定义为：人类为保护生态环境而对生态地区给予一定的经济、技术或政策上的支持，使该区域的自然生态的各项功能借助这种外力得以恢复、改善或提高，以便更好地服务人类。

2. 生态补偿的原则

生态补偿的目的不是最终得到多少钱，而是迫使污染者采取治理措施从而可以减少和规避罚款，达到保护生态环境的一种手段。一方面要不断地培养和强化公众保护生态环境的意识；另一方面，生态保护者一方和受害者一方要切实地把得到的补偿用于生态保护和建设中去。

根据生态补偿的定义，结合我国现有环境保护法律和法规原则，参考和总结国内外的相关文献，在建立流域生态补偿机制时主要遵循以下几条基本原则。

（1）谁保护、谁受益原则。这是针对生态环境保护者所采取的一条重要原则。众所周知，生态保护行为具有较高的正外部效应，如果不对包括水源保护地在内的生态保护区以及保护者给予一定的补偿，那么，就会导致社会上"搭便车"行为的普遍存在。同时，也会大大削弱保护人的积极性，从而不利于生态环境的保护和建设。水源保护地生态的保护尤为如此，水源保护地水源和河道的良好维护和保护，不仅改善和提高了整个城市的饮用水质，降低了洪涝灾害的发生，还增强了流域内的景观价值，促进了生态旅游事业蓬勃发展。因而，付出努力的生态环境保护者应当得到一定的补偿、政策优惠或税收减免的激励，将正的外部效应内部化。

（2）谁污染、谁付费原则。与上面相反，这是将生态环境损害方所产生的负外部效应内部化的一条基本原则。通过对水源保护地所有的污染行为主体征收费用，将其所带给社会的负的外部成本内部化，使得环境污染的私人成本接近政府治理污染的社会成本，刺激生产者减少污染或转移到无污染的生产上来。"污染者支付原则（PPP）"是 OEDC 理事会于 1972 年决定采用的环境政策基本规则，之后被广泛应用于各种污染的控制。

（3）谁受益、谁付费原则。这是针对生态环境改善的收益群体所采取的一条重要原则。仍以水源保护地的保护为例，城市非水源保护地或得利部门在享受水源保护地生态环境改善所带来的好处的同时，如若不给予付出努力的保护方一定的补偿，显然是有失公允的。补偿费用的收缴一般是从可操作性原则较强的水电费中抽取。但由于许多情况下，生态保护的受益主体不是很明确，此时，地方政府应当成为补偿的主体，并从其财政中支付或转移支付该部分费用。

（4）公平补偿原则。就是在补偿政策的制定方面要考虑的公平性问题。一般地，生态的公平补偿原则包括代内公平原则、代际公平原则与自然公平原则。即代内公平原则是要协调好国家、生态水源保护地内的地方政府、企业和个人之间的生态利益；代际公平原则是要兼顾当代人与后代人的生态利益（也有学者称此原则为可持续性原则）；公平原则体现在对各种生态类型补偿后的生态恢复上。

（5）灵活性原则。这里的灵活指补偿手段要灵活，多种方式相结合。生态补偿涉及多方面的行为主体，关系错综复杂，没有公认的补偿标准和方法，而补偿方式也多种多样。各生态水源保护地的特征又不尽相同，所以在补偿手段或方式的选择上不应采取"一刀切"。而应该根据自身特点，结合当地的发展状况，因地制宜地实施补偿。由于目前生态市场发展的不成熟，生态环境保护多属公共事业，而市场在资源配置上还存在缺陷，所以需要政府的主导推动作用。灵活运用宏观调控和市场的微观调节能力，采取政府补偿与市场补偿相结合原则更加有效地实施生态补偿。

（6）广泛参与原则。这是针对生态补偿过程中所有利益相关者和广大群众所应当采取的一条重要原则。在环境污染方面司法监督不力和官僚盛行的年代，只有争取相关利益方的广泛参与和发言权，以及公众的舆论和监督，才能使得补偿机制的管理和运行更加有效率、民主化、透明化。另外，参与式发展不仅有利于保护和提高参与者的利益，同时也有助于提高他们对环境保护的意识和积极性。

5.3.3 国内生态补偿机制案例对塔里木河流域的启示

我国在相关实际工作中一直对生态补偿有所涉及，如退耕还林和退田还湖补偿费、资源税、资源费等，对生态补偿的认识也在逐渐深化。特别是近年来，我国政府更加充分认识到生态补偿的重要性。十七大报告中已明确提出"实行有利于科学发展的财税制度，建立健全资源有偿使用制度和生态环境补偿机制"。我国的流域生态补偿以政府手段为主，对饮用水源地保护和同一行政区内小流域上下游的生态补偿进行了探索，已经在个别流域和区域出现实行生态补偿较为成功的范例。

1. 福建省建立流域生态补偿机制的实践

福建省流域生态补偿机制的实施始于 2003 年，经过多年的实践，该机制已逐渐完善。福建省内的流域自成体系，闽江、龙江、晋江等主要流域基本不涉及跨省的问题。流域生态补偿机制作为生态补偿机制的一种重要形式，在维护流域经济社会协调发展与生态环境保护方面起着极其重要的作用。

2003 年，福建省在九龙江流域推行全省首个流域生态补偿的试点，在省政府的协调下，设立了专项资金，并制定了《九龙江流域综合整治专项资金管理办法》，对资金的配套、安排、使用程序和扶持重点做了明确的规定。2003 年，福建省还选择了 10 个水库开展水源地水土保持生态建设试点，建立水源地生态补偿机制。按照谁受益、谁出钱的原则，各水库从水费收入中提取一定资金，作为水源地生态屏障体系、农用地综合治理体系、生态缓冲带保护体系以及人居环境整治体系等四大体系的建设经费。2005 年，福建省出台实施了《闽江流域水环境保护规划》，启动实施了闽江流域生态环境补偿机制。按照该规划，闽江下游的福州市自此每年为上游的南平、三明两市支付 1000 万元的生态环境保护专项资金，并将水环境保护正式列入官员绩效考评。2005 年，泉州市也开始实施晋江和洛阳江上下游生态补偿制度，市政府决定在 2005—2009 年每年筹措 2000 万元，5 年筹集一个亿的补偿资金，用于晋江上游的南安市、安溪县、永春县和德化县以及洛阳江上游地区的水资源保护项目，包括城镇生活污水和垃圾无害化处理设施建设、农村面源污染治理和生态保护项目。2007 年，福建省委常委会专题研究并通过了《福建省江河下游地区对上游地区森林生态效益补偿方案》，随着这项制度的实施，福建省每年可新增生态公益林补偿金 8590 万元，每年补偿金总额达到 3 亿多元，生态公益林补偿标准达到 105 元/hm²。2008 年国家环保部将福建省闽江、九龙江流域等地区列为首批生态环境补偿试点地区（环办函

〔2008〕168 号）。2009 年，国家环保部批复了福建省环保局提出的《九龙江、闽江流域综合治理试点工作方案》，正式将福建省九龙江、闽江流域环境综合治理列为国家流域治理试点项目（环函〔2009〕29 号），这必将有力地推进了我省在流域饮用水源保护、生态安全评估、管理体制创新、环境综合整治政策与措施、基础能力建设等方面的工作进展，提升流域水污染防治工作水平。据福建省政府对近年来福建省流域生态补偿机制的实践总结，福建省主要从以下四个方面建立流域长效管理机制：

（1）组织协调机制。在管理方式上，跨设区市域的闽江、九龙江、敖江流域整治由省里组织实施，闽江、九龙江流域整治两次被列为福建省委省政府为民办实事项目，其他流域由所在设区市组织。在组织机构上，成立省环境保护委员会，建立流域整治联席会议制度；各市、县（区）也都成立相应机构，定期研究部署工作。

（2）责任考核机制。福建省政府在实施设区市市长环保目标责任书考核、市县（区）政府环保年度考核，建立环保约谈告诫制度的同时，建立闽江、九龙江流域整治工作考核通报制度，将年度水质情况、整治任务完成情况与当地政府环保实绩考核和次年环保专项资金补助挂钩。

（3）资金投入机制。全省污染防治资金、省直部门专项资金和各地财政加大对重点流域治理的投入。此外，从 2003 年起，福建省就开始探索建立生态受益地区向生态保护地区提供生态补偿的机制，建立了闽江、九龙江、晋江流域上下游生态补偿制度，生态公益林补偿制度和矿山生态恢复保证金制度。福建省闽江、九龙江流域已被环保部列为中国实施生态补偿的第一批 6 个试点区域之一。

（4）综合管理机制。在加强对环境违法行为查处的同时，注重运用经济手段改变企业环境守法成本高、违法成本低的状况。如：实行污水处理厂处理合格率与运营费挂钩政策；落实"绿色金融"政策，严格对违法企业的信贷控制；对污水处理厂及其配套管网建设滞后的地方、开发区实行区域"限批"。

2. 黑河流域生态补偿机制

针对黑河流域日益恶化的生态资源环境，以及流域各区域内与区域之间水资源使用矛盾，国务院于 2001 年正式批复《黑河流域近期治理规划》。根据规划的指导思想，流域内各区域统筹规划、高效利用、科学管理、有效保护水资源，寻求生态效益与经济效益之间的平衡，对黑河流域进行综合治理并积极推进节水型社会的建设。2009 年 5 月 13 日，水利部审议通过实施《黑河干流水量调度管理办法》，将黑河干流水量实行统一调度，由水利部及其下属黑河流域管理局负责黑河流域的水资源综合管理，使黑河流域保护水资源做到有规可循。2009 年 12 月 24 日，国务院正式批准实施《甘肃省循环经济总体规划》，将黑河流域治理与黑河流域中游区域张掖市的生态保护列为重要生态保护项目，从国家角度对黑河流域生态资源环境保护给予了关注。在构建黑河流域生态补偿机制方面，国家与各地方政府也展开了积极探索，包括政府主导的政策、资金补偿机制，政府引导的市场补偿机制等。

黑河流域中游区域甘肃省张掖市积极开展对水资源的综合治理，同时也努力探索流域生态补偿机制。张掖市在黑河分水后所面临的水资源短缺以及绿洲社会经济生态稳定发展的形势非常严峻。2000—2002 年，张掖市在水源吃紧的情况下累计向下游输水 22.1 亿 m^3，造成本区有效灌溉面积减少、绿洲生态环境持续性退化和脆弱程度增加；在退耕还林区，一些地方基层政府只解决了生态移民的安置和一定的生活赔偿问题，缺乏对他们的进一步帮扶以及利益的保障。为解决这些问题，2003 年张掖市对祁连山林区腹地和浅山区居住农牧民以及山丹大黄山林区的农牧民 3839 户共 1.65 万人，实行整体搬迁安置，张掖市退耕还林效果尤为明显，2002 年退耕还林任务 1.385 万 hm^2，已兑现补助粮食 343.7 亿 kg 等。同时，流域内各地方政府在草地资源规划、林地建设调整适应水资源现状的产业结构方面都做了大量工作。通过采取节水工程生态、退耕还林还草工程以及自然保护区等措施，以政府作为补偿主体对黑河流域内上中游区域进行补偿，对保障流域居民的生活和恢复流域生态环境起到了一定的作用。

除了政府主导的黑河流域生态补偿之外，流域内亦在进行市场补偿机制的探索。位于甘肃省张掖市临泽县南部的梨园灌溉区，该区人口为 4.35 万人，占全县总人口的 44%，以农业生产为主。由于农业灌溉设施老化，使得农业生产用水 95% 左右的水资源无法得到有效使用。梨园灌溉区积极探索水权交易的流域生态补偿模式，实行了水票制灌溉管理，并成立了用水者协会。定额管理水权的总量，并核定生产生活用水的标准，居民可根据每户的人畜数量与土地数量分到定额的水权，使用不完的水权还可以通过水票的方式在市场上销售。梨园灌溉区进行的水权交易模式探索取得了一定的成功，实施水权交易一年时间可减少使用黑河流域水资源超 3 亿 m^3，使得流域下游额济纳旗的生态资源环境得到改善，水质、水量均有较大程度的提供。

5.3.4 建立塔里木河流域生态补偿机制

目前，塔里木河流域水资源过度开发，工业、农业用水抢占挤占生态用水，导致流域内生态环境退化现象十分严重，已经成为流域可持续发展的障碍。因此，从长远角度考虑，构建塔里木河流域生态补偿机制有利于保护流域生态资源环境，有利于流域生态资源的高效利用，对节水型社会的建设也具有重要意义。因此，本节从建立依据、补偿主客体、生态补偿资金的筹集、补偿方式以及完善政策等方面探讨了塔河流域生态补偿机制。

5.3.4.1 建立塔里木河流域生态补偿的依据

（1）《中共中央 国务院关于加快水利改革发展的决定》（中发〔2011〕1号）中的第六部分就是"实行最严格的水资源管理制度"，要求"建立用水总量控制制度"。

（2）《水法》第四十九条"用水实行超定额累进加价制度"。

（3）《国务院关于实行最严格水资源管理制度的意见》（国发〔2012〕3号）第十五条要求：开发利用水资源应维持河流合理流量，充分考虑基本生态用水需求，维护河湖健康生态。推进生态脆弱河流和地区水生态修复。研究建立生态用水及河流生态评价指标体系，建立健全水生态补偿机制。

5.3.4.2 适用范围及补偿主客体

1. 适用范围

塔里木河流域生态补偿机制的适用范围包括：塔里木河流域源流区和干流区，与自治区人民政府签订年度用水目标责任书的流域各州、地、兵团师，以及与塔里木河流域管理局签订年度用水目标责任书的县（市）、团场和其他用水单位。

2. 补偿主体与客体

明确流域生态补偿主体与客体，即解决在流域生态补偿中的相关责任主体界定问题，主体界定不清，政策就缺乏针对性。生态补偿政策的根本目的是调节生态保护背后相关利益者的经济利益关系，进而形成有利于生态环境保护的社会机制。对于一个涉及众多利益相关者的政策，要保证公平和合理，就必须让利益相关各方都参与进来。

对于塔里木河流域生态补偿的主体可以按照流域内各行为主体的行为性质来界定：第一，利用塔里木河流域生态资源环境受益的行为主体，主要是指利用流域水资源进行工业生产、农牧业生产、城镇居民生活与旅游项目等；第二，损害流域生态资源环境而使得流域内其他区域受到影响的行为主体，主要是指流域内过度使用水资源而使得流域内其他区域受到影响的行为主体等。然而，各级地方政府对辖区内流域生态资源环境的保护负有责任，目前在流域生态补偿机制中仍然以政府为补偿主体的居多，建议在考虑流域生态补偿机制的责任主体时，应将政府作为其中的重要因素，可由流域生态资源环境保护而受益的行为主体通过政府向受损的区域提供补偿或直接将政府作为补偿主体，占据补偿的主导地位。

在界定流域生态补偿的客体时，同样可按照流域内各行为主体的行为性质来界定：第一，对流域生态资源环境进行保护的行为主体；第二，因流域内生态资源环境损害而受到影响的行为主体。主要包括流域内上中游区域为了保护流域内生态资源环境而实施各项水资源保护措施，为此投入了大量的人力、财力与物力，其至牺牲当地社会经济发展，此时流域内上中游区域即生态补偿的客体；反之，流域上中游区域为了自身的发展而过度使用水资源或排放污染物导致下游地区受到损害、生存空间与社会经济发展机会受到限制，此时流域内下游区域即生态补偿的客体。

在进行流域生态补偿主客体界定时，对于不能明确是补偿主体还是客体的区域，可以根据生态补偿的目标和定位，对流域进行生态功能区划分。

生态功能区是通过系统分析生态系统空间分布特征，明确区域主要生态问题、生态系统服务功能重要性与生态敏感型空间分异规律，制定出来的区域生态功能分区方案。生态功能分区是确定优化开发、重点开发、限制开发和禁止开发四类主体功能区的基础，四类主体功能区是对生态功能区的经济发展定位。只有明确了各个功能区的类型，才能清晰界定该区域是生态补偿的主体还是客体，这是生态补偿机制能够成功运行的前提条件。

5.3.4.3 生态补偿资金的筹集

资金的筹集是生态补偿的前提。借鉴目前国内外运行情况来看，资金的筹集主要有两个渠道，一是政府财政转移支付；二是进行市场化筹集，也就是由生态受益者和生态破坏者付费。

1. 财政转移支付

水源地生态环境属于公共产品，对其保护具有强外部性，其社会收益高于私人收益，其行为惠及他人，但行为人却得不到补偿，从而降低了其生态保护的积极性。也就是说，水源地生态保护存在着"市场失灵"问题，即无法单纯地依靠市场，而需要政府的介入来弥补市场的缺陷。政府介入环境保护的措施主要有强制性的行政管制和经济手段。经济手段与行政管制手段相比弹性更大，同时可以使外部成本内部化，促使经济与环境保护的协调发展。财政支出作为实现政府经济目标的主要经济手段，同时也是政府履行其职能的物质基础，应将环境保护纳入公共财政的支出范畴，由财政承担一部分生态补偿的职责。

财政转移支付分为横向转移支付与纵向转移支付两种形式。通常，一方面，若流域上游、源流区域为保障流域下游、干流区域的水量、水质，运用了大量的人力、物力和财力，甚至以牺牲地区的社会经济发展为代价使得下游、干流的水量、水质得到了改善，那么只承担了相对较小的流域生态资源保护责任却获得了更多的利益的下游、干流区域则应该对上游、源流进行补偿；反之，若流域上游、源流没有对流域的水质、水量进行应有的保障，使得到达下游、干流的水量、水质不达标，甚至抢占下游、干流的水量，致使下游、干流区域的经济发展利益受到损害，则应当由上游、源流对下游、干流进行补偿。这种补偿可以通过塔里木河流域生态补偿的横向转移支付的方式来进行，若上游、源流没有抢占挤占下游、干流地区的水量，流域生态水量达到目标要求，则应该由下游、干流区域地方政府对上游、源流区域地方政府进行补偿；反之，则应该由上游、源流区域地方政府对下游、干流区域地方政府进行补偿。其运作形式是首先计算生态保护者的成本以及生态受益者的生态受益效应或者计算利益受损者的受损效应确定转移支付的数额标准，并通过财政的转移支付实现资金划拨，最终通过改变地区间既得利益格局来实现地区间生态服务水平的均衡。纵向转移支付是上级政府对下级政府的财政补贴，即自治区政府或水利厅对塔里木河流域进行生态专项经费财政补贴。对水源地进行纵向财政转移支付可以激励地方政府生态保护的积极性。上级政府通过给予地方附加的资金，或者提供对于基本需求间接资金支持上的激励等，来实现生态产品的提供。

2. 市场化筹集

政府虽然是生态效益的主要购买者，但竞争机制依然可以在生态补偿政策的实施过程中发挥重要的作用。政府提供补偿并不是提高生态效益的唯一途径，还可以利用经济激励手段和市场手段来促进生态效益的提高。与政府补偿依赖于财政转移支付相比，市场化补偿更多地依赖于生态受益者和生态污染者。

源流区和上游区的资源水和生态水惠及流域其他地区，这些受益者要根据其受益程度付费给生态供给者。同时，抢占和挤占生态用水的用水部门也需要作出相应的补偿，付费给利益受损者，这样，通过市场化补偿机制，水源地保护者与生态受益者之间实现对接，各利益主体通过市场机制享受其权力并承担相应的责任，实现各自的利益诉求。

塔里木河流域生态补偿资金市场化筹集的基本程序是：根据谁受益谁补偿的原则，以环境产权外部性理论为指导，以水资源为载体，对水源地生态环境外部性受益对象进行界定，并从经济属性上进行分类，然后对不同受益对象确定其对水源地的补偿标准。通过这种市场化机制，受益者依其消费的生态资源的数量进行付费。

首先进行生态受益者的界定。生态受益者可分为两个部分：一是可以清晰界定生态受益者的部分，如资源水权中用于工业、农业、生活的用水户以及经营水权中用于发电、旅游、水上娱乐、交通运输等部分的用户；二是不能够清晰界定生态受益者的部分，如生态水受益群体等。

对于资源水权的用水户，其对水源地的生态补偿费按照一定的费率，根据其用水量的大小进行收取。

对于经营水权中用于发电、旅游、水上娱乐、交通运输等部分生态补偿问题，由于其用水量无法准确度量，而且这些项目对水资源并不造成明显的损耗，其补偿数额可以参照其经营效益确定。

对于不能够清晰界定生态受益者的部分，如由于源流区或者上游区生态环境改善造成干流区或下游地区生态水的供应加大，其生态效应受益者难以清晰地界定，这部分补偿费应由干流区或者下游地方政府承担。

另外，根据谁占用、谁补偿的原则，对于流域内抢占挤占生态用水的部门以及用水户，应该按照超额水量缴纳生态水量占用补偿费。抢占挤占生态用水越多，补偿费标准越高。

5.3.4.4 生态补偿费的标准

本节介绍如何确定塔里木河流域内生态补偿费用的标准，具体的收取标准应按照不同的生态受益者和生态污染者分类进行。

1. 资源水权中受益者

资源水权中用于工业、农业、生活的用水户，其对水源地的生态补偿费按照一定的税率收取生态补偿税，根据其用水量的大小进行收取。也就是说，在工业、农业、第三产业以及居民的用水中，除了他们应交纳的水资源费、污水处理费（农业灌溉用水可免缴）等外，还要增加生态补偿费。其收集途径可与水资源费一同缴纳，并由塔管局设立专户进行管理，专款专用。同时考虑到不同行业的特点以及行业主体的经济承受能力，对于农业用水户的生态补偿费费率可适当降低或免收。

2. 经营水权中受益者

由于经营水权中用于发电、旅游、水上娱乐、交通运输等行业的用水量无法准确度量，其补偿数额可以通过其经营效益确定。也就是说，对于这些受益群体（行业），可以根据其行业特点以及经济效益的大小，以生态补偿税的形式（不同行业其生态补偿税率可能不同）收取其生态补偿金，也将其纳入生态补偿账户。

3. 生态水受益者

由于不能够清晰界定生态受益者，其生态补偿的标准以生态水的水量为依据，按照相应税率由地方政府买单。到达干流或下游的生态水量达到目标要求的时候，由干流或下游地方政府对上游或源流地方政府进行财政转移支付补偿。

4. 抢占挤占生态用水者

对于流域内抢占挤占生态用水的部门以及用水户，应该按照超额水量缴纳生态水量占用补偿费。由于自治区政府每年都要与流域地（州）、兵团师签订年度用水目标责任书；塔管局每年也要与塔里木河干流的县（市）、团场和用水单位签订年度用水目标责任书。这些年度用水目标责任书确定了流域地（州）、兵团师，以及有关县（市）、团场和用水单位的年度用水限额和计划取用水量。每年的实际取用水量与用水目标责任书确定的用水限额的差值，就是生态水量的占用数。

目前塔里木河流域内部分地（州）、兵团师和其他用水单位，为了追求更多的经济效益抢占挤占生态用水，这部分水量多用在工业和农业生产当中。针对这个问题，塔委会只能按相关法规对其进行轻微的罚款。但是这种象征性罚款的数额与其占用生态水带来的经济收益不成比例，根本无法起到处罚作用。因此，只有让抢占挤占生态用水单位从中无利可图，甚至倒贴，才能阻止抢占挤占生态用水的发生。所以应当按照抢占生态水产生的效益收取生态补偿费。对于农业用水户，将该地区农业产值与农业用水量的比值作为农业单方水所产生的效益，占用了多少生态水量，就用单方水所产生的效益乘以生态水量占用数作为生态补偿费征收，并处以相应的罚款。对工业用水户，将该地区的工业增加值与工业用水量的比值作为工业单方水所产生的效益，同样用单方水所产生的效益乘以生态水量占用数作为生态补偿费征收，并处以相应的罚款。对抢占挤占生态用水的用水户或单位所在的当地政府也要进行通报批评，并将其纳入政绩考核指标中。

5.3.4.5　生态补偿方式

对塔里木河流域实施生态补偿的方式必须是机制化且长效的，并辅助于阶段性或暂时性补偿措施。补偿的方法和途径很多，按损失形式分类，包括资金补偿、实物补偿、技术补偿和智力补偿、项目补偿等方面。

（1）资金补偿。资金补偿是最常见、最迫切、最亟需的补偿方式。通过费用补偿的形式来实现利用效益的公平性与科学性。资金补偿要以生态建设项目引入资金为主。资金补偿常见的方式有补偿金、捐款、减免税收、退税、信用担保的贷款、补贴、财政转移支付、贴息、加速折旧，等等。

（2）实物补偿。补偿者运用物质、劳力和土地等进行补偿，给受补偿者提供部分的生产要素和生活要素，改善受补偿者的生活状况，增强其生产能力。实物补偿有利于提高物质使用效率，如退耕还林（草）政策中运用大量粮食进行补偿的方式。

（3）政策补偿。自治区政府对地（州）政府的权力和机会补偿。主要包括：针对水源地生态建设与环境保护特点制订有针对性的财政政策；制订市场补偿政策，用水区按照市场价格定期支付区域水资源费用。

（4）技术补偿和智力补偿。源流区的生态建设需要有一批高素质的人才，包括管理人才、科技人才与高级技术工人等。通过开展智力服务，提供无偿技术咨询和指导，直接输送各类专业人才，培养受补偿地区的技术和管理人才，提高受补偿者生产技能、技术含量和管理组织水平，运用现代技术搞好源流区的生态建设。

（5）项目补偿。国家拨出资金用于生态保护项目的建设，由受补偿区域负责的项目来具体实施和维护。现阶段与水源区生态补偿相关的项目主要有：新农村建设、河道环境整治、污水处理厂建设、节水灌溉、河道衬砌工程和坡面治理工程等。

（6）产业补偿。干流和下游地区可以帮助源流和上游地区发展替代产业，或者补助发展无污染产业，增强其自身的造血功能是缩小发展差距、提高人民生活水平的最好办法。源流和上游区在产业发展中要树立服务他人就是发展自己的观念，搭建好产业转移承接平台，并且接纳和汇聚劳动密集型、资源型与高技术低污染型产业，形成产业集群和工业加工区。

5.3.4.6　建立完善的政策体系及管理机制

构建塔里木河流域生态补偿机制，除了确定补偿主客体、补偿资金的来源以及补偿方式外，还需要建立完善的政策体系及管理机制来保障。主要包括以下几个方面。

1. 建立流域生态补偿专项立法

我国现有法律法规尚无对流域生态补偿明确的规定，只能从相关法律法规中找到与流域生态补偿相关的规定，如《中华人民共和国水法》《环境保护法》与《中华人民共和国水污染防治法》等。自治区也没有对生态补偿机制实现地方立法，因此流域内难以形成全流域必须遵守的原则和法律法规。所以急需加强对流域生态资源环境保护的立法，为建立健全流域生态补偿机制提供明确的法律依据，从法律上对流域生态补偿中的行为主体、补偿标准的确定与补偿资金的筹集、使用等流域生态补偿涉及的问题进行明确，使流域生态补偿做到有法可依、有规可循，从而保障流域生态补偿机制建立健全并有效实施。

2. 完善生态补偿税收政策

在生态补偿资金的筹集中，对于资源水权的用水户和不能够清晰界定生态受益者的，如生态水受益群体，生态补偿费是通过生态补偿税费的形式来征收，将税收作为主体对客体的补偿。而关于征收塔里木河流域生态补偿税，需要相关环保、水利等部门制定规定，对流域生态补偿税征收行为进行规范。

3．建立塔里木河流域生态补偿专项资金管理制度

建立塔里木河流域生态补偿专项资金，该资金由通过财政转移支付与市场化筹集得来的生态补偿费用构成，由塔管局成立专项资金管理委员会，并建立塔里木河流域生态补偿专项资金管理制度，对专项资金在筹集、使用等方面从制度上进行明确，对该基金进行统一管理支付，专款专用，对资金的管理与使用需严格按照制度要求的程序进行。

生态补偿专项资金主要用于对塔里木河源流与干流上游进行生态补偿，主要有上述六大类补偿方式，根据实际情况对不同地区不同对象选择不同的方式进行补偿，主要是加强水源区的生态恢复和增殖功能，如防护林工程建设、水库涵养保护、源区环境综合整治、资源保护和灾害防治及生态农业小区、生态工业小区和生态村镇建设等方面。另外，还需要从生态补偿专项基金中提取一定的金额用于支付进行生态用水补偿管理中人员的工资、设备的购买维护等产生的费用。

4．建立塔里木河流域各区域间组织协商机制

由自治区水利厅和塔管局牵头建立塔里木河流域内上中下游、源流与干流区域间的生态补偿协商机制与仲裁制度，由流域内的地级市政府共同协商解决相关问题。充分考虑到塔里木河流域的生态功能，由塔管局负责对塔里木河流域区域之间利益关系进行协调，建立具有可实施性的协商机制，定期召开联席会议，就流域的防洪调度、水资源分配、生态补偿、重要水利工程建设、重大投资项目等事宜进行磋商和谈判，在民主协商机制下对各行政区用水、环保等合约以及违约惩罚方法等做出决策，尤其是对区际补偿方式、依据、原则、程序和实施细则等。通过长期合作的动态博弈，增加相互间的激励和约束机制，以逐步弱化地方和部门保护主义。同时，建立塔里木河流域生态补偿的仲裁制度。当遇到难以通过协商解决流域上中下游之间的生态补偿问题时，可以通过仲裁进行解决，有效地保护流域内各行为主体的合法权益。

5．建立政绩考核与责任追究制度

由于自治区政府每年都要与流域地（州）、兵团师签订年度用水目标责任书；塔管局每年也要与塔里木河干流的县（市）、团场和用水单位签订年度用水目标责任书。自治区政府可将地（州）、兵团、县（市）用水目标作为考核地方落实最严格水资源管理工作的重要内容，规定地（州）、县（市）对辖区内用水总量控制目标负责，将年度用水情况与当地政府水利工作和次年水利项目等挂钩。对于完不成任务的地方政府，不仅要追究其相关水管部门的责任，还要从财政上进行处罚，除征收生态补偿费之外另加收罚金，从而激励地方政府积极控制用水总量，对抢占挤占生态用水的单位或个人实施

处罚性政策。对于完成目标任务的地方政府，可以通过项目补助等方式采取奖励措施。

5.4 流域水权交易市场建设研究

5.4.1 水权转让机制理论

水权转让流转，媒体和大众一般称之为水权交易，也有学者称之为水权流转、水权流动。学术界对水权转让的概念还没有形成统一的主流观点。有专家认为水权转让有广狭义之分。广义的是指水权在不同主体之间的流通周转，既包括国家作为水资源所有者对水资源的所有权和他物权的出让、划拨，也包括平等市场主体之间就自然资源水他物权、产品水物权和取水权进行的有偿买卖、互易、赠予。狭义的水权流转指平等主体之间为了一定的经济目的，对从国家受让取得的资源水使用权、取水权、产品水权进行的有偿交易。

在理论研究中，大都以狭义的水权流转概念为研究的逻辑起点。主要原因大概基于我国宪法规定水资源所有权属于国家，因此在中华人民共和国领域内不会发生资源水所有权流转的案例；产品水的所有权流转与一般物的所有权流转并无二致。但是不把资源水使用权的首次流转（即以颁发取水许可证为形式的水资源使用权出让）也纳入水权流转的范围是不周延的。因为我国将在各流域内逐步建立初始水权分配制度，各行政区域的总可用水量将随之固定下来，水资源的稀缺性程度也更高了，我国的经济要继续保持又好又快的发展态势，对水资源的持续需求在所难免。

因此在水资源使用权首次流转领域引入市场竞争机制，实行招投标制度有利于水资源的高效配置，但应当仅限于第二、三产业用水，在第一产业必须审慎进行招投标形式出让水资源使用权。

其次，水资源所有权和土地资源的所有权最明显的区别在于其具有较弱的排他性和很强的变动性。在中华人民共和国境内水资源所有权在利用人利用时大都转化成了工程水所有权或产品水所有权。但是在跨国界河流的情况下，比如说澜沧江（老挝、越南又称湄公河）从我国流入老挝以后其水资源所有权当然发生了变化，从理论上说，国家之间的水权流转也是可行的，在此流转的当然应该是水资源所有权。而且在一些联邦制国家中，如澳大利亚，大部分水资源所有权都是归各州所有的，因此，发生在各洲之间的水权流转也发生了所有权的转移。因此水权流转不能仅仅限于使用权，应当包括所有权；不仅包括转让的方式还包括出让的方式。

5.4.2　国内水权转让案例对塔里木河流域的启示

5.4.2.1　国内水权转让法律制度的建立

我国《宪法》第9条规定，水流属于国家所有，即全民所有。这里的水流即指水资源。《民法通则》第81条规定："国家所有的矿藏、水流，国家所有的林地、山岭、草原、荒地、滩涂不得买卖、出租、抵押或者以其他形式转让。"《水法》第3条规定："水资源属于国家所有。水资源的所有权由国务院代表国家行使。农村集体经济组织的水塘和由农村集体经济组织修建管理的水库中的水归各该农村集体经济组织使用。"这些规定表明，在我国水资源所有权属于国家所有，并禁止其买卖、出租、抵押或者以其他形式转让。《水法》第6条规定："国家鼓励单位和个人依法开发、利用水资源，并保护其合法权益。"《水法》并未规定水资源使用权为用益物权，但是，由于我国水资源所有权主体的唯一性以及所有权的不可转让性，法律上明确水资源使用权或者水资源的用益物权无论在理论上还是实践中都将具有重要意义。《水法》第48条规定："直接从江河、湖泊或者地下取用水资源的单位和个人，应当按照国家取水许可制度和水资源有偿使用制度的规定，向水行政主管部门或者流域管理机构申请领取取水许可证，并缴纳水资源费，取得取水权。但是，家庭生活和零星散养、圈养畜禽等少量取水的除外。实施取水许可制度和征收管理水资源费的具体办法，由国务院规定。"这一规定主要明确了水资源有偿使用制度和取水许可制度，明确规定了取水权这一重要的水资源使用权，从而，取水权的确立对中国进一步确立水权和完全以市场机制为基础的水权交易提供了制度设计路径。

为配合《水法》的实施，清除水权转让的法律障碍，国务院制定并颁布了《取水许可和水资源费征收管理条例》，并自2006年4月15日起施行，1993年8月1日国务院发布的《取水许可制度实施办法》同时废止。自此，水权转让法律制度有了质的发展。该法第27条规定："依法获得取水权的单位或者个人，通过调整产品的产业结构、改革工艺、节水等措施节约水资源的，在取水许可的有效期和取水限额内，经原审批机关批准，可以依法有偿转让其节约的水资源，并到原审批机关办理取水权变更手续。具体办法由国务院水行政主管部门制定。"虽然仅有一条规定，但该条为水权转让确立了法律依据，具有特别重要的意义。

5.4.2.2　国内水权转让案例启示

1. 东阳—义乌水权转让

2000年11月，浙江省位于金华江上下游的东阳市和义乌市签订了一个水权转让协议，义乌市出资 2 亿元向毗邻的东阳市买下了约 5000 万 m³ 水资源的永久使用权。2005 年 1 月，从东阳横锦水库到义乌市的引水工程正式通水，备受关注的我国首例水权转让获得了实质性的成功。

这一举措是我国首次利用市场机制对水资源进行配置的成功探索，对促进我国水权制度的改革产生了深远的影响，有着重要的意义。

第一，这次水权转让打破了行政手段垄断水权分配的传统，为跨流域或跨区调水探索了市场协调的机制。经济实力雄厚的义乌市通过技术经济比较，选择了直接向东阳市买水，运用市场机制获得用水权，这不同于以往所有的跨区域调水，突破了行政手段进行水权分配的传统。

第二，通过这桩水权转让，使得东阳市和义乌市实现了"双赢"。东阳通过横锦水库灌区配套建设取得的农业接受以及新的开源工程得到的丰余水，其每立方米的成本不足 1 元钱，转让给义乌后却得到每立方米 4 元钱的收益，而义乌购买 1 立方米水权虽然付出 4 元钱的代价，但如果自己建水库至少要花 6 元。这种水资源的优化配置，在政府宏观调控下，利用市场机制来实现，效率更高，效益更好。

第三，东阳和义乌的水权转让，将促使买卖双方都更加节约用水和保护水资源，市场起到了优化资源配置的作用。此次东阳—义乌水权转让开辟了我国水权转让的先河，探索出利用市场配置水资源的新途径，引发了国内不同地区的水权实践。

2. 我国第一个节水型社会试点——张掖

张掖市是我国水资源问题最为典型的地区之一。位于甘肃河西走廊中段巴丹吉林沙漠和腾格里沙漠边缘的张掖市，是依靠发源于祁连山冰川雪山的黑河水滋养的一片绿洲。但长期起来，张掖群众"水从门前过，不用就是错"的观念导致了对黑河水超量引取，粗放利用，直接导致黑河下游额济纳绿洲来水量锐减，灌溉面积缩小，戈壁沙漠面积增加。2000 年，国务院为黑河上、中、下游地区分配水资源，方案明确规定张掖市每年必须少引黑河水 5.8 亿 m³，迫使张掖不得不去探索走节水型社会之路。2002 年，水利部选择甘肃省张掖市开展为期三年的全国第一个节水型社会建设试点，经过三年的努力，初步形成了"总量控制，定额管理，以水定地，配水到户，公众参与，水量转让，水票运转，城乡一体"的一整套节水型社会运行机制，走出了一条以可持续发展为主要内涵的节水型社会之路。

张掖市在水权制度改革中，采用了两套指标体系作为支撑。一套指标体系为水资源的宏观控制体系，即在现有水资源总量超 26 亿 m³ 的基础上，削减 5.8 亿 m³ 的黑河引水量，保证正常年份黑河向下游输水 9.5m³。其余水量，作为全市的水权总量，由政府进行总量控制，不得超标使用。另一套指标体系为定额管理体系，即根据限定的水权总量，核定单位工业产品、人品、灌溉面积和生态的用水定额。对农户来说，在人畜用水以及每亩地的用水定额确定后，便可根据每户人畜量和承包地面积分到人权。实施中，每个农户都持有"水权证"，其中标明每年可使用多少水量，农民按照水权证标明的水量去水务部门购买水票。水票作为水权的载体，农民用水时，要先交水票后浇水，水过账清，公开透明。对用不完的水票，农民可通过水市场进行出卖，而这种交易的实质内涵便是水权转让。在这两套指标的约束下，全社会各部门都明确了自己的用水和节水指标，这样层层落实节水责任，从而把经济社会发展的每一步都落实在水资源承载能力之内。

水权制的实施使张掖农民有了经营水资源的权利，而通过结构调整节余出部分水量又使水权转让成为现实。通过水权转让，有效激活了节水型社会的多方面要素。首先，通过水权转让，激发农民树立起了水资源商品观念；其次，水权转让也刺激了农村经济结构调整的迅速开展和农民的农田管理意识的提高；另外，通过水权转让有效平衡了农村用水，不仅使农民能够在用水季节及时买到要用的水，而且改变了以前农村缺水与浪费并存的现象。经过实践，现在张掖市的农民都清楚，通过结构调整进行节水是最快最有效的途径。

从张掖市的水权制度改革实施情况来看，主要有以下几点经验值得借鉴。

（1）张掖市的探索，为水资源紧缺地区，尤其是西北干旱地区指出了一条水资源配置的新路。从其实践情况可见，在开源条件不可行的情况下，既要保证经济增长，又要使得人与生态环境和谐相处，需从改变人民的用水观念着手，建立切实可行的节水型社会，广大的人民群众必须是积极的参与者。只有提高人们的节水意识，才能使得水权转让市场充分发挥其作用。

（2）水权制度是节水型社会的核心制度，根据水权总量，核定各行业用水定额，每个用水户依据所分得的水量进行配额用水。水权的分配明晰了，才能促使用水户盘算如何有效地使用所分配的水量并采取各种措施来节水。因此，初始水权的明晰，是实施水权管理的基础。

（3）在水权明晰的基础上，各有关部门应从制度上、法律上、经济上等方面促进用水户之间的水转让，制定一些有利于激励用水主体转让节余水量的规章制度，以激活节水型社会。

（4）水权转让有利于刺激农村经济结构调整。受到水权转让中获得利益的驱动，有效的刺激使农民主动地采取行之有效的措施以节约水资源。

5.4.3　建立塔里木河流域水权市场的依据

（1）《中共中央　国务院关于加快水利改革发展的决定》（中发〔2011〕1号）中的第十九条要求："建立和完善国家水权制度，充分运用市场机制优化配置水资源"。

（2）《国务院关于实行最严格水资源管理制度的意见》（国发〔2012〕3号）第五条要求："建立健全水权制度，积极培育水市场，鼓励开展水权转让，运用市场机制合理配置水资源"。

（3）水利部《水权交易管理暂行办法》（水政法〔2016〕156号）相关规定。

5.4.4 塔里木河流域水权市场建设的初始条件

水权市场的建立需要具备一定的基础条件，包括水资源的宏观稀缺条件、初始水权的明晰界定、水权管理机构的设立、水利基础设施的完善等。在塔里木河流域，已初步具备建立水权市场的基础条件。

（1）水资源的宏观稀缺条件。塔里木河流域特殊的地理位置和干旱的气候条件决定了水资源的自然性。社会经济的迅速发展引起的用水量的大幅提高加剧了流域内水资源的短缺程度。同时，人们对绿洲生态的关注也要求提高生态用水的保障程度。水短缺已成为影响塔里木河流域社会经济持续发展、生态系统稳定的最重要因素。在塔里木河流域，水资源的宏观稀缺条件为建立塔河流域水权市场创造了基础条件。

（2）初始水权逐渐明晰。为了缓解塔里木河流域水资源供需矛盾日益突出、流域生态环境不断恶化的局面，2003年12月新疆维吾尔自治区人民政府下达了《关于印发塔里木河流域"四源一干"地表水水量分配方案等方案的通知》（新政函〔2003〕203号文），分配方案将各流域不同保证率来水情况下，主要对关键控制断面下泄水量和各用水单位的区间耗水量进行分配（区间耗水量是区间来水断面和泄水断面之间消耗的水量，由生产、生活用水、河道损失水量组成）。由此制定各流域不同保证率来水情况下的年度限额用水和下输塔河水量，并将年度限额水量分解到年内各时段和各断面，进行年内调度分配，以确保各源流在满足年度用水限额的前提下向塔河干流输水。因此，塔里木河流域内初始水权的界定也是较为清晰的。

（3）水权管理机构已经设立。为了决策塔里木河流域水资源开发利用的重大问题，成立了塔里木河流域水利委员会（决策机构），其下设立了执行委员会（执行机构），并在新疆维吾尔自治区水利厅设立了执行委员会办公室。塔里木河流域管理局作为办事机构，具体负责塔里木河流域水资源事宜。除此之外，塔里木河流域各源流管理处及相应地区的水行政主管部门负责各自管辖范围内的水资源管理。这种自上而下环环相扣的管理机构为水权管理提供了有效的组织机构支撑，同时也为水权市场的建立提供了良好的条件。

（4）水利基础设施逐步完善。国务院自2001年2月批准实施《塔里木河流域近期综合治理项目》，投资107.4亿元，通过源流灌区改造、节约用水、合理开发利用地下水、干流河道治理、退耕封育保护等综合治理措施，增加各源流汇入塔里木河的水量，保证大西海子水库以下河道生态需水。综合治理项目的实施，使源流灌区的输配水工程设施逐步完善，使干流河道的输水能力大大提高，为水权的流转创造了硬件条件。

需要说明的一点是，塔里木河流域中，可以进入水权市场用于转让的水权受到严格限制。按照水的使用途径，水权可分为社会经济水权和自然生态水权两大类。在塔里木河流域，占据主导的工农业生产水权和生态用水水权中，生态用水水权是不允许转让的，只有具有私人物品特征的那部分水权才允许进入水权市场流转。

5.4.5　塔里木河流域水权市场架构

5.4.5.1　塔里木河流域四级水权市场框架

根据塔里木河流域水资源的分布与行政区划情况，构建塔里木河流域四级阶梯水权市场，即塔里木河流域水市场可以分四个阶梯来架构，如图 5.1所示。

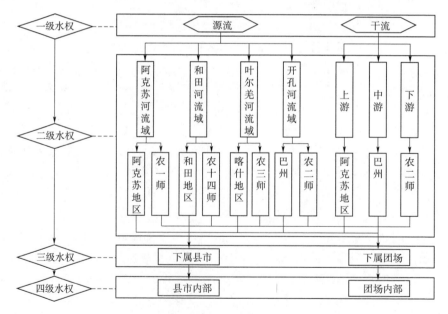

图 5.1　塔里木河流域四级水权市场结构图

（1）一级市场。塔里木河"四源一干"五个流域内建立统一的水市场，转让双方以流域为单位，实现整个塔里木河流域内的水资源优化配置。

根据源流和干流分布特征，这个一级市场上的水权转让可以采取两种形式：一种是直接转让形式，指四个源流与干流之间的转让；另一种是间接转让形式，指源流与源流之间的转让。如图 5.2 所示，图中虚线代表间接转让，实线代表直接转让。

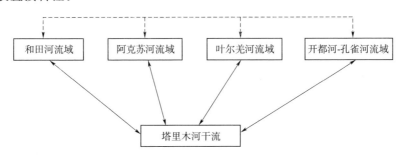

图 5.2 塔里木河流域一级水市场结构图

（2）二级市场。"四源一干"各个流域内的地方与兵团水市场以及干流区上中下游的水权划分称为二级市场。在阿克苏河流域，为阿克苏地区与兵团农一师；在和田河流域，为和田地区与兵团农十四师；在叶尔羌河流域，为喀什地区与兵团农三师；在开都河-孔雀河流域，为巴州与兵团农二师；塔里木河干流则为阿克苏地区（上游）、巴州（中游）与兵团农二师（下游）。二级水市场是流域内地方与兵团以及干流区上中下游的商品水买卖市场，实现本流域范围内的水资源的优化配置。在保证人的基本生活用水、农业生产用水的前提下，其他社会经济用水在地方与兵团之间可以实行自由竞争、市场调节。

（3）三级市场。流域内第三个层次的水市场是行政区内地方县（市）、农业师各团场子行政区之间的水权划分。这是流域水权二级用户的水权再分配。

（4）四级市场。子行政区各乡镇和各连队之间的水权转让构成流域水权四级市场。

5.4.5.2 塔里木河流域水权市场转让主体

水市场转让主体是水权拥有者，可以是流域管理机构、地方政府和用水户。由于我国水管理的特点，目前我国水权转让基本上是由流域管理机构或地方政府作为本流域或区域范围内用水户利益的代表所进行的转让，购入水权的流域或者区域再进行二次配置，把水资源具体配置到各个用水户手中。塔里木河流域的水权目前实际上只配置到源流、干流和地（州）这一层次，地（州）以下水资源的配置沿用传统的方法，采用计划或限额管理。

按照塔里木河流域水权市场结构，分为四级主体，一是"四源一干"五个流域直接的水权转让，这些流域的水权份额就是按照水权初始分配所确定的数额，各个流域在水权限额内用水，如果有的流域用水超过了限额，可以向其他流域协调购入水权补充用水，这种转让需要在塔管局的领导下进行；二是在各个地区之间、灌区之间进行的水权转让，以各个流域内的地方政府与兵团师作为水权转让主体；三是地（州）行政区内地方县（市）、农业师各团场子行政区之间的水权转让；四是子行政区各乡镇和各连队之间的水权转让。

　　根据塔里木河流域的实际情况，为了今后水权市场发展的需要，应按照水权市场的空间结构，组建相应的供水公司，从而避免管理局与地方政府作为市场主体，既充当运动员，又充当裁判员，影响水资源的公平和高效配置。因此，塔里木河流域管理局只对不同流域间的水权转让进行协调，各流域限额以上的水向塔里木河流域管理局交水资源费，对于以供水公司与用水户作为水权市场主体的转让情况，可以成立农民用水者协会，供水公司向水行政主管部门缴纳水资源费，核算自身工程成本、利润和税金，计算出水价，向农民用水者协会销售水商品，农民用水者协会按各自水权将水分配给协会内各用水户。各用水户按用水多少缴纳不同数额的水费，如有节余，可以储存在塔里木河流域管理局设立的"水银行"，也可以在水市场上销售。塔里木河流域水市场转让主体结构图如图 5.3 所示。

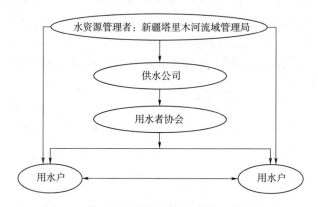

图 5.3　塔里木河流域水市场转让主体结构图

　　水权市场转让主体采用"供水公司-用水者协会-用水农户"的模式，对于水资源费的征收、水价的改革也具有重要的作用。供水公司的取水总量受到初始水权的限制，超额取水，将受到经济、行政和法律手段的制裁。在没有组建供水公司前，水权市场的主体为流域内各级政府、组织机构（如用水者协会、用水企业等）或者个人（如用水者协会内的成员）。而在组建了供水公司后，参与水权转让的主体主要是组织机构（如供水公司、用水者协会、用水企业）或者个人。在各县水管总站、团场管理所的监管下，用水者协会之间也可进行水权的永久性或临时性买卖。而用水者协会内部成员之间的水权转让，由于转让水权量较小，简单易行，转让成本低，使农户能得到立竿见影的经济效益，会极大地刺激他们的节水意识。

5.4.5.3　塔里木河流域水权市场转让对象

水权市场转让对象是水权和水商品。在塔里木河流域，即为依照法律法规规定按程序取得的水权。由于自治区只有对塔里木河流域地表水分配进行了规定，即《塔里木河流域"四源一干"地表水水量分配方案》（新政函〔2003〕203号文），因此，塔里木河流域水权市场的对象暂时限定在地表水水权范围内，待国家、自治区对地下水分配有了明确的分配以后再考虑。

水权按不同的用途分为生活水权转让、工业水权转让、灌区水权转让和区域水权转让，如图 5.4 所示。水商品是供水公司向用水者协会或者用水户售卖的水。

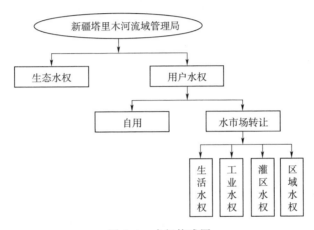

图 5.4　水权构成图

5.4.6　塔里木河流域水权市场运作机制及保障措施

5.4.6.1　塔河流域水权市场运作机制

塔里木河流域自实施适时水量调度以来，将水资源管理提到了一个新的高度。从上往下，从塔里木河流域委员会到流域各地（州）、兵团（师）以及各县（市）、各团场，最后到各乡（镇）、各连队，形成一条层层管理、责任到人的管理链条。由塔里木河流域委员会向流域各地（州）、兵团（师）下达限额用水指标，继而向下一级接一级地计划限额分配，签订责任状，从而既能保证各地（州）国民经济的持续发展，又能保证塔里木河流域的下游生态用水。适时水量调度的实践，积累了宝贵的经验，但同时也反映出了一些不足之处。主要表现为：水量统一调度管理手段单一，目前主要依靠行政指令实施调度，调度成本高，协调难度大。一般水权主体缺乏利益表达，行政配置水权的模式打消了水权主体参与水资源管理的积极性，忽视了水权市场对水资源供需的基础性调节作用，使得水权主体缺乏节水激励，各流域年度水量下泄指标及引水指标难以完成。因此建立合理的水市场运作机制是使得水权转让市场能够健康运作的关键。

塔里木河流域水市场运作机制包括两个部分：一是静态地看，就是塔里木河流域水市场的组成要素；二是动态地看，就是这些要素的运作方式。

塔里木河流域水市场可由五个部分组成：供水者和需水者组成的市场主体、市场管理者塔管局、蓄水和输水等基础设施条件、利益冲突协调机制、规章制度系统。塔里木河流域水市场运作机制如图 5.5 所示。

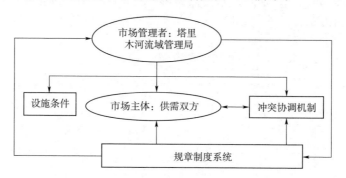

图 5.5　塔里木河流域水市场运作机制图

这五个组成部分之间的运作机制如下：

（1）规章制度系统统领水市场的一切转让活动，市场供需双方、市场管理者塔管局的活动都要以一定的规章制度为基础，转让过程中发生的利益冲突也要依据一定的规章制度来解决，这样，水市场就能有法可依、有序进行。

（2）塔管局依据水市场规章制度对水市场进行管理，建立蓄水和输水等基础设施条件，并在实践中逐步完善管理行为，建立健全水市场的规章制度。

（3）市场转让主体之间发生利益冲突，转让双方对第三方造成不利影响时，在塔里木河流域管理局的组织、领导和协调下进行解决。

5.4.6.2　建立健全市场管理机构

为保障各层次水权转让的有序进行，需要在塔里木河流域内建立相应的独立于买卖双方的、公正的管理组织来管理水权市场转让。这个管理组织机构不仅要负责水权转让的登记、交割和水输送，还要为用水者提供关于水权转让、水价、可供水量等信息。

根据塔里木河流域水权市场的层次结构，管理机构可相应地分为四级层次：第一级为塔管局，负责管理整个塔里木河流域的水权市场转让；第二级按"四源一干"分别建立水权市场管理机构，负责本区域内的水权水商品转让；第三级是以行政区内地方县（市）、农业师、各团场子行政区之间水权转让为管理对象的管理机构；第四级管理机构是各乡（镇）和各连队之间的水权转让的管理机构。四级机构之间是上下级关系，层层负责本地水权市场的转让。

5.4.6.3 设立塔里木河流域水银行

在四级水权转让市场上，由于用水户多而分散，也由于集中管理、节约转让费用等原因，除了用水大户由于转让量大可以单个主体直接参加转让外，每个用水户不必直接参加水权转让，可以采取委托代理转让，即通过水银行进行转让。

水银行是水权转让的中介，一般在流域之间或者地区之间设立。根据塔里木河流域水资源分布特征、行政区划及水资源管理关系，可以在塔管局下设水银行，隶属于塔管局，作为水权转让中介，负责接洽、联系和运作"四源一干"之间水权转让事宜。

5.4.6.4 建立健全塔里木河流域水权市场规章制度

塔里木河流域水权市场建设中的规章制度建立主要包括以下几个方面：

一是建立健全水权转让管理规章制度。在源流和干流水量分配的基础上，建立一套全面的水权分配制度，并通过法律法规的形式加以确定。在水权转让规则、水权转让管理、水权纠纷和法律调解方面，也要制定相应的规章办法。

二是强化水权行政执法工作和水政监察队伍建设。塔里木河流域建立水权转让市场后，改变了以前的用水方式和用水习惯，用水户的利益要在水权制度基础上达到新的平衡，短时间内一些地方用水关系会紧张，水事纠纷增多，因此要建立一支有效的塔里木河流域水政执法队伍，查处各类侵害水权的违法案件，维护流域内用水户水权权利和正常的水权流转秩序。

三是积极开展流域内水权法律、法规宣传教育，不断提高流域内依法用水、维护水权的自觉性。

四是根据初始水权分配结果和水资源使用状况评定节水水平，制定相关经济鼓励政策，建立节水激励制度，从非正式水市场转让入手，逐步探索和规范符合塔里木河流域实际情况的水权转让制度。

第6章

塔里木河流域统一调度工程技术保障研究

本章在现状调研的基础上，总结归纳出了塔里木河流域水资源统一调度过程中遇到的工程技术问题，并分别提出了相应的工程保障措施和科技项目建议。

6.1 流域统一调度工程保障

工程措施是实现塔里木河流域水资源统一调度的基础和硬件保障。由于塔里木河流域水资源具有"春旱、夏洪、秋缺、冬枯"的特点，极易造成洪旱灾害交替发生。总体而言，流域内水利基础设施相对薄弱，缺乏具有调蓄能力的山区骨干控制性水利工程；河道防洪工程设施简陋，临时性工程多，建设标准低，田间灌溉工程配套率差，工程设施老化失修；水量监测设施较为落后，国家基本水文监测断面较少。因此，在相当长的时期内发展工程水利，仍然是实现塔河流域水资源合理配置、适时调度、高效利用的有效手段。

6.1.1 存在的问题

针对塔里木河流域水利基础设施薄弱、水文监测手段落后的情况，国家组织安排了塔里木河流域近期综合治理工作，该项目自 2001 年启动，计划投资107.39 亿元；在后续的《塔里木河工程与非工程措施五年实施方案中期调整报告》中，将综合治理项目优化调整为 485 项。根据"塔河网"提供的最新数据，截至 2012 年，已累计下达流域综合治理单向工程 474 项、中央投资101.79 亿元；已开工建设节水改造、地下水开发利用、河道治理、控制性枢纽、流域水资源调度管理等单项工程 464 项、完工 453 项，累计完成投资98.82 亿元，其中完成中央投资 96.01 亿元，项目完工率、竣工验收率、投资完成率分别为 98%、73% 和 94%。

经过塔里木河流域近期综合治理，流域内水利基础设施落后的局面有一定程度的改观。但总体而言，由于水资源统一调度实施时间短、任务重，流域水资源统一调度及管理工程建设严重滞后，相关配套工程和设施仍很不完善，给塔里木河流域水资源统一调度带来了诸多不变，目前尚存在以下几方面的问题亟待解决。

（1）流域内缺乏具有调蓄能力的骨干控制性水利工程，现有调蓄水利工程规模小、布局不合理。

塔里木河流域内的河川径流量年内分配不均，6—9月来水量占到全年径流量的70%～80%。"四源一干"范围内水库数量虽多，但多数水库库容过小，仅能起到引水蓄水作用，调节能力不足；此外，这些水库大多数均分布在源流及干流的中、下游地区，无法实现有效的径流调节，致使洪水出山后直接输入中、下游河道，形成河水漫滩和季节性洪泛湿地，洪水资源无法得到有效利用。

截至2012年底，已完成7座平原水库的节水改造工程，改造总库容3亿m³，下坂地水库已建成，总库容8.7亿m³。枢纽运行后，提高了叶尔羌河水资源利用率，改善了当地春旱缺水状况，为向塔里木河干流输送生态水量创造了有利条件，缓解了喀什、克州两地（州）电力紧张局面。但该枢纽工程是近期综合治理规划中唯一的山区水库，阿克苏河、和田河上游山区尚无具有调蓄能力的大型水库。洪水季节，现有水库不能有效拦蓄洪水资源，更不具备"拦丰补枯"的年内调节和年际调节能力，不仅导致大量的洪水资源白白浪费，还给流域中下游地区带来严重的洪水灾害。

（2）在河流关键节点缺乏具有控制能力的统一调度配套工程，严重阻碍了统一调度的运行实施。

塔里木河近期综合治理项目实施以来，相继完成了西泵站更新改造工程，新建了包括博湖东泵站在内的一批骨干性输水控制工程，提高了水资源统一调度运行效率。但目前主要河流的关键节点总体仍缺乏具有控制能力的统一调度配套工程。如艾里克塔木渠首设计最大流量为100m³/s，当水量超过设计标准时，大河来水量会全部流向小海子水库，但小海子水库进水渠没有节制性控制闸，无法控制小海子水库的进水，即使小海子水库限额用水指标全部用完，小海子水库仍会进水。为了控制小海子水库入库水量，只能从永安坝水库泄洪闸泄水，从而加大了水量调度工作的难度。

（3）部分行洪河道缺乏河道堤防工程，河道整治工程力度不够，部分河段河道泥沙淤积问题仍然存在，汛期河道漫溢现象仍有发生，增加了输水损失。

截至2012年底，塔里木河干流已新建输水堤防600km；建成了拦河枢纽4座，生态闸53座；疏通塔里木河干流大西海子下游河道365km、源流叶尔羌河河道295km及和田河河道319km。上述河道治理工程，使得重点河段的汛期洪水漫溢和渗漏问题得到了一定程度的改善，但这一问题仍未彻底解决，下一步还需针对其他主要河段和部分灌区输水渠道进行重点治理。

（4）水文监测手段、设施对水资源统一调度的支撑力度不够，严重影响了统一调度的执行效率。

准确、及时的收集和上报水情资料，不仅是流域水量统一调度的基础和前提，更关乎防汛抗旱工作的成败。目前，塔里木河流域水文监测尚存在诸多问题，水利信息化工作也刚刚起步，其中以下几个方面的问题尤为突出。

1）"四源流"水文监测站点数量不足，监测数据难以支撑"四源一干"水量统一调度与水资源合理配置的需求。

当前"四源流"中已建重要水文站仅 39 个（包括现有站、该建站和新建站），其中阿克苏河 8 个、叶尔羌河 7 个、和田河 9 个、开都河-孔雀河 8 个。从水文站的空间分布来看，四源流的各水文站多位于出山口和流域中游地区，下游及流域出口没有控制水文站；而且，水文站以下存在大面积灌区，导致下游区间引水量难以准确估算，各源流进入干流的水量也不明确，难以支撑"四源一干"水量统一调度与水资源合理配置的实践需求。

以叶尔羌河为例，由于叶尔羌河流域范围广阔，下垫面条件复杂，流域内高差悬殊，现有的雨量站、水文站难以满足系统水文预报、预警方案编制的需要，故在系统的规划中必须考虑增设遥测雨量及水文、水位站，完善各重要控制断面水量监测设施。

2）流域水文监测手段落后，水利信息化率低，水情监测数据的实时性与可靠性差，对相关人员的监督力度不足，容易出现"人情水""关系水"。

塔里木河流域位置偏远、地广人稀，各个水文测站之间平均距离大，水情监测条件十分艰苦，加之相关引水工程管理部门人员数量有限，传统的人工水情监测方法在塔里木河流域难以适用。此外，人工观测存在误差较大、人工巡查周期不固定、人为操作错误等诸多弊端，容易造成水情监测数据精度不高等问题，导致水情监测数据的实时性和可靠性难以得到保障；同时，由于传统的水情监测与管理个人依赖性大，缺乏对相关领导干部和业务人员的有效监督措施，容易导致"人情水""关系水"等诸多弊端出现。

塔里木河近期综合治理项目实施以来，已相继建成了塔里木河水资源管理和调度指挥中心、塔里木河水量调度管理系统。使流域内水文监测手段落后的局面得到一定程度的改善。但总体而言，塔里木河流域的水利现代化水平仍比较低，为了保障水量统一调度工作的顺利实施，未来仍需要进一步加大建设力度。

3）无序的河道采砂等人类活动，极大地改变了已建站点的大断面特征，水文资料的系列性遭到严重破坏。

受到人为无序的河道采砂等人类活动的影响，"四源一干"部分河段的河床坡降、大断面参数等均发生很大变化，极大地改变了这些河段的水位-水量关系，导致部分水文测站的资料一致性出现问题，水情监测资料的可靠性受到严重影响。

4) 水情实时监测、动态控制水平总体较低，对洪水的快速反应及联动能力差，亟需建设有效的防洪预警系统。

（5）灌区改造工程已取得一定成效，但仍任重道远。

截至 2012 年底，已完成渠道防渗 7767km，建成水源地 34 处，配套机井 2044 眼，完成高新技术节水 44 万亩。但由于"四源一干"存在灌区建设标准低、配套设施建设滞后、老化失修严重、渠首缺乏控制工程、灌水技术落后等问题，目前农田水分利用效率仍然很低，未来仍需结合节水型社会建设，进一步推进灌区节水改造工程，提高灌区水资源的利用效率和效益，为流域下游节省出更多的水资源。

6.1.2 保障措施

综合考虑塔里木河流域水资源统一调度所面临的工程现状问题，提出以下保障措施。

（1）尽快开展塔里木河流域水资源综合规划工作。结合区域经济社会发展中长期规划，在充分论证的基础上，在阿克苏河流域、和田河流域、开都河-孔雀河流域上游适当新建部分具有调蓄能力的山区控制性水库工程；同时对流域中、下游的水库进行统筹规划，适当废弃、改建部分运行效率低下的平原水库。

（2）继续加大流域统一调度配套水利工程建设力度。在对流域内现有引水口门进行统筹考虑的基础上，结合灌溉用水需求和生态环境保护要求；在"四源一干"河道关键节点建设满足汛期洪水控制要求的引水枢纽工程，对于起不到控制作用的配套工程，要进行改建、扩建，必要时予以废除。

（3）进一步开展河道整治工程建设。统筹开展主要行洪河道的堤防建设与河道清淤整治工作。治理重点应放在"四源流"及塔里木河干流的中、下游地区河段。这些地区内的河段汛期河水漫溢十分严重，不仅大大增加了河道输水损失，汛期还给沿河水利工程造成威胁，因此应进行重点治理。

（4）加强水文监测预报工作，加快塔里木河流域水量调度系统建设和水文监测站网建设，提高水量调度的现代化水平。建立一套具有快速接收处理各类水调信息，为科学编制水量调度预案和监督方案的实施提供决策支持的调度系统，为流域水量调度决策提供科学依据。具体包括以下几个方面：

1) 通过新建、改建四源流及干流上、中游地区的水文控制站，加强四源流及干流上、中游地区河道径流的监测力度；摸清各源流重点河段以及源流汇入干流的水量；为塔里木河"四源一干"水量统一调度提供数据支撑。

2) 应用信息技术建设现代化的水量调度管理系统，对流域重要水利枢纽、水电站、引水涵闸和水文断面进行实时远程监控，实现智能化的科学调水。水量调度远程监控系统能够全面、准确地监测流域内各种重要控制性工程的运行情况；能够实现对水闸运行的远程控制手段，使得各级水量调度部门能够对管辖区域内的用水情况了如指掌，并有充分的技术手段对区域内用水及时做出反应，保证各用水户在用水限额用水。同时，它的建设将全面提升工程运行管理的现代化水平，有效地改善劳动条件，真正的体现水资源的统一调度和科学管理。

3）对水文测站实测资料进行一致性分析，对于一致性遭到破坏的水文站点，需要根据实际情况进行修正。

4）持续加强和完善防洪抗旱工程体系建设是加强流域水资源管理的一项重要工作。建议自治区对塔里木河流域的防洪基础设施建设、预警预报、信息化建设等方面给予重点支持；建立塔里木河流域水资源管理的组织网络工程和防汛抗旱指挥异地会商视频会议系统；提高水资源调控、水利管理和工程运行的信息化水平。

（5）紧密围绕节水型社会建设要求，加大灌区改造工程建设力度，统筹安排常规节水与高新技术节水两项措施。

其中灌区常规节水改造要以节水增效为中心，采取农业、水利等综合措施，发挥灌区节水、增产综合效益。在积极调整农作物种植结构、降低田间需耗水量的基础上，进行灌区续建配套和节水改造。合并引水口门，建设渠首引水控制工程，提高引水保证率；以输水渠道防渗和改进地面灌水技术为重点，搞好干、支、斗各级渠系衬砌和建筑物配套，大力开展平地缩块农田基本建设，积极推广膜上灌、沟灌和小畦灌，完善配套渠系量水设施；在地下水位高、盐碱化威胁较重的灌区积极发展井渠双灌和灌排配套，控制地下水位，防止盐碱化。在布局上，优先安排在灌区配套程度差、现状灌溉定额高、节水效果显著的灌区。

高新节水技术主要有管灌、喷灌和微灌。根据高新节水技术特性和适用范围，同时考虑到塔里木河流域各地区高新节水灌溉发展的经验，结合灌区种植结构的调整，高新节水措施主要安排在管理水平较高的灌区、经济作物种植区和井灌区等，以管灌、喷灌为主。

6.2 流域统一调度技术保障

6.2.1 统一调度关键技术问题

技术措施是实现塔里木河流域水资源统一调度的软件保障。在总结分析塔里木河水量统一调度多年经验教训的基础上，结合我国当前水利发展的新形势，总结提出塔里木河流域水资源统一调度实践过程中迫切需要解决的关键技术问题，具体如下。

（1）尚未建立与"最严格水资源管理制度"接轨的水量分配方案。

当前，全国范围内正在着力推行最严格水资源管理制度。由于塔里木河流域内水资源开发利用过程中存在水利基础设施建设滞后，用水结构不合理，用水效率和效益低，农业灌溉面积过度扩张，地下水开采量迅速增加，水资源管理力量薄弱，缺乏有效的监管手段等原因，加之流域内水资源时空分布极不均匀、生态环境本底脆弱等特点，使得流域内部推行最严格水资源管理制度的实践需求极为迫切。

然而，当前塔里木河流域在进行水量分配时，主要依据《塔里木河流域"四源一干"地表水量分配方案》。该分配方案按照总量控制的原则，在"四源一干"范围内选择代表控制断面，依据控制断面多年平均来水量制定各个源流和干流的水量分配方案。由于在制定水量分配方案时，未与最严格水资源管理制度下新疆的用水总量控制指标接轨，因此，该水量分配方案不能满足新疆实行最严格水资源管理制度的要求。

（2）目前水资源统一调度多依据"灌溉"或"灌溉＋生态"等相对单一的目标，缺乏统筹考虑防洪、灌溉、供水、发电、生态等问题，兼顾干支流、上中下游之间关系的多目标联合优化调度技术。

作为"自然-经济-社会"复合系统，塔里木河具有灌溉、养殖、发电、供水等多种功能；此外，在调度过程中还应同时考虑防洪、生态环境保护等方面的实际需求。上述多种功能及需求相互影响、相互制约；如何统筹考虑多种功能和需求，本着综合效益最大的原则，制定相应的调度规则，既可以整体提高水资源的利用效率与效益，又可促进区域经济社会的可持续发展和水资源的可持续利用。

当前，随着玉龙喀什河上游水电开发项目、大石峡、小石峡等一批水利水电项目的陆续上马，塔里木河流域电调与水调的矛盾日益凸显，对多目标联合优化调度的实践需求也越来越迫切。

（3）仅注重地表水资源管理、忽略地下水资源管理，亟需提高地表水-地下水联合管理技术。

在气候变化和人类活动的双重驱动下，流域水文循环演变规律已发生很大变化。尤其是傍河机电井的地下水超量开采等已导致开都河-孔雀河和部分干流河段地表水-地下水相互作用及转化机制发生深刻变化，河道径流对地下水补给量增加、河道渗漏损失增大，增加了输水沿程渗漏损失，有效输水率显著减小，给塔河流域水资源统一调度带来很大不便。

因此，仅针对地表水、忽略地下水的水资源管理体制，已不能适应塔里木河流域水资源统一管理的实践需求；亟需建立兼顾地表水与地下水的新管理体制，提高地表水-地下水联合管理技术。

（4）流域典型生态系统水分-生态相互作用机制复杂，生态保护目标的生态需水量阈值不明确，盲目补水可能造成水资源浪费，降低水资源的利用效率与效益。

近50年来，在人类高强度的水土资源开发活动的影响下，塔里木河流域水文循环过程及其伴生的生态过程发生了显著变化。地下水位大幅度下降、河道断流、湖泊干涸，导致塔里木河上、中、下游荒漠植被生态系统出现了不同程度的退化；土地沙漠化、盐碱化急剧发展，区域生物多样性严重受损；严重威胁区域经济社会的可持续发展和水资源的可持续利用。

为了遏制塔里木河流域生态环境的退化趋势，实现水资源的可持续利用和经济社会的可持续发展。需要将流域内有限的水资源在社会经济系统和自然生态系统之间进行合理配置，而生态需水量是水资源在生态系统和社会经济系统合理分配的关键依据。

目前，塔里木河流域主要植被的生态需水阈值已有初步定量计算结果；但"四源一干"区域生态保护目标及其保护规模尚需进一步明确，基于保护目标及其需水阈值的生态需水量需要进一步厘定。

（5）塔里木河流域"四源一干"区间耗水构成及其规律尚不明确，不利于流域水资源统一调度的实施。

区间耗水量与下泄量是水资源配置的主要依据。塔里木河流域内农业灌溉是用水大户。近年来，流域内"四源流"中、下游以及干流中、下游区域灌溉农业规模扩张速度很快，耗水量也急剧上升，是造成塔里木河干流下游来水量减小的主要原因。

目前塔管局已对和田河、叶尔羌河两条源流的区间耗水量进行了较为系统地分析，但由于水量统一调度涉及"四源一干"整个区域，水资源统一调度"牵一发而动全身"，因此需要对整个"四源一干"范围内的不同子流域、不同河段耗水构成与耗水规律进行系统研究，为"四源一干"范围内水资源合理配置提供科学依据。

6.2.2 保障措施

6.2.2.1 开展塔里木河流域"地表水-地下水"转化机制研究

以塔河流域"四源一干"典型河段为研究靶区，通过原型观测、野外踏勘、模型模拟相结合的方法，分析典型区域内降水-地表水-土壤水-地下水的转化关系，重点揭示地表水-地下水相互补给机制，评估傍河区域内因浅层地下水开采导致的地表水资源量的减少程度，评价地下水开采对典型区地表水资源量的影响，为"四源一干"水资源统一调度与管理提供技术支撑。

6.2.2.2　开展塔里木河干流生态需水研究

以 2011 年中央水利工作会议精神、中央一号文件和《自治区政府第 19 次会议关于建立塔里木河流域水资源管理新体制的决定》为指导，以塔里木河干流为研究靶区，针对研究区内面临的水资源与生态环境问题，通过原型观测、野外踏勘、室内分析相结合的方法，明晰研究区内典型生态系统与水文循环系统的相互作用过程和机理，揭示地下水位及其波动过程对典型植被生长发育的影响与胁迫机制，识别典型自然植被生态需水阈值，分区域、分类型计算塔里木河干流上、中、下游典型自然植被的生态保护需水量。分析 2005 年以来研究区水资源供需状况，评价塔里木河"四源一干"水资源统一调度的实施效果。依据塔河干流生态保护/恢复规划目标，预测规划年份内塔里木河干流的生态保护需水量和需水过程。

6.2.2.3　开展塔里木河流域区间耗水量构成及其核算研究

以"四源一干"典型河段为研究靶区，以重要水文监测断面为依据，进行区间划分，以各个河段区间为基本单元，详细分析基本单元内部的"取、输、用、耗、排"各个环节对应的水量，明确各基本单元的用水量构成及耗水规律与特征，从水资源系统角度出发，结合水文监测站点与控制断面的长系列径流观测资料以及地下水水位监测资料，分析各个基本单元取水、用水、耗水、退水之间的关系，揭示区间耗水量构成特征，核算区间耗水总量，为面向最严格水资源管理的"四源一干"水量分配方案提供依据。

6.2.2.4　开展开都河-孔雀河流域地下水开采量计算研究

以开都河-孔雀河流域内的典型河段为研究区，分析河道径流与河道保护区范围内地下水的补给关系；选择典型的有代表性的水位监测井或农业井，通过现场抽水试验，分析地下水开采量与地下水水位动态之间的关系；利用研究区域内机电井、散井的统计数据，核算区域地下水开采量。

参 考 文 献

［1］ 托乎提·艾合买提，覃新闻，王新平，等．塔里木河流域近期综合治理工程措施施工与管理［M］．北京：中国水利水电出版社，2014．

［2］ 吴永萍，王澄海，沈永平．1960—2009 年塔里木河流域降水时空演化特征及原因分析［J］．冰川冻土，2011，33（6）：1268-1273．

［3］ 商思臣．新疆水文站网规划和建设思路［J］．中国水利，2009，39-40．

［4］ 何文华．浅谈闸门远程监控系统在塔里木河干流的应用［J］．水利建设与管理，2010，2：55-57．

［5］ 宋郁东，樊自立，雷志栋，等．中国塔里木河水资源与生态问题研究．乌鲁木齐：新疆人民出版社，2000．

［6］ 张捷斌，刘玉芸．塔里木河流域水资源统一管理问题及对策研究［J］．干旱区地理，2002，25（2）：103-108．

［7］ 新疆维吾尔自治区人大法制委员会．新疆维吾尔自治区塔里木河流域水资源管理条例［M］．乌鲁木齐：新疆人民出版社，1997．

［8］ 新疆塔里木河流域管理局．加强塔里木河流域水资源统一调度管理，确保近期综合治理目标的实现［J］．新疆水利，2006，1：14-17．